Das Zahlenbuch 2

Förderheft

Von Erich Ch. Wittmann, Gerhard N. Müller,
Marcus Nührenbörger und Ralph Schwarzkopf

Bearbeitung der Ausgabe 2022:
Marcus Nührenbörger, Ralph Schwarzkopf,
Melanie Bischoff, Daniela Götze, Birgit Heß

Ernst Klett Verlag
Stuttgart · Leipzig · Dortmund

Inhalt

Zahlen in der Klasse

1 Schulweg in Minuten.

a) Zeichne in das Schaubild ein.

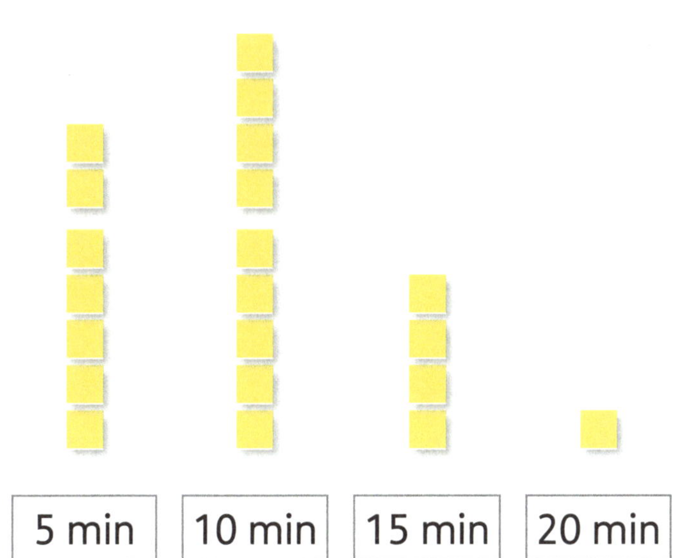

| 5 min | 10 min | 15 min | 20 min |

b) Wie viele Kinder haben einen Schulweg von ...

... 5 min? _______________________________________

... 10 min? ______________________________________

... mehr als 12 min? _____________________________

... weniger als 12 min? __________________________

2 Haustiere in der Klasse.

a) Zeichne in das Schaubild ein.

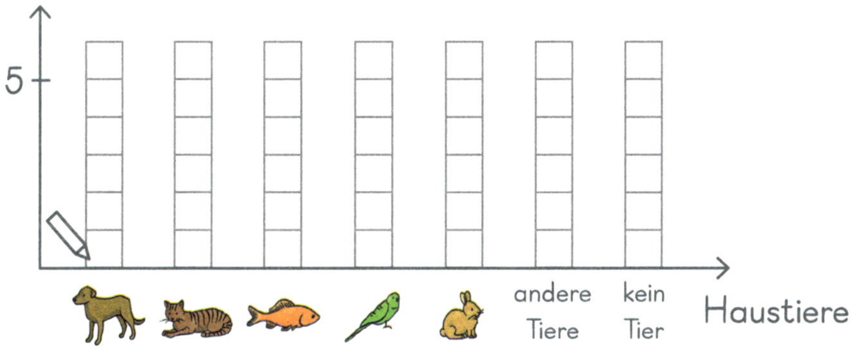

b) Was ist mehr?

Kreuze an.

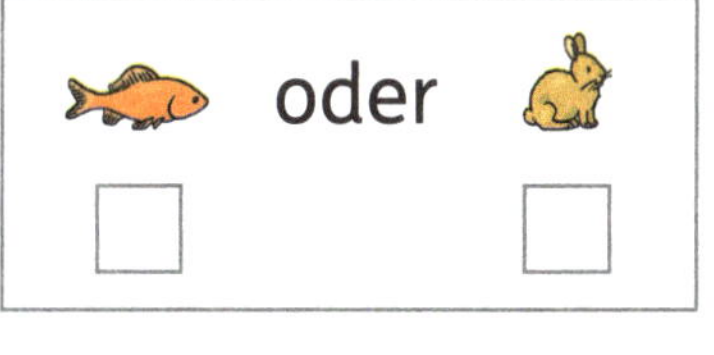

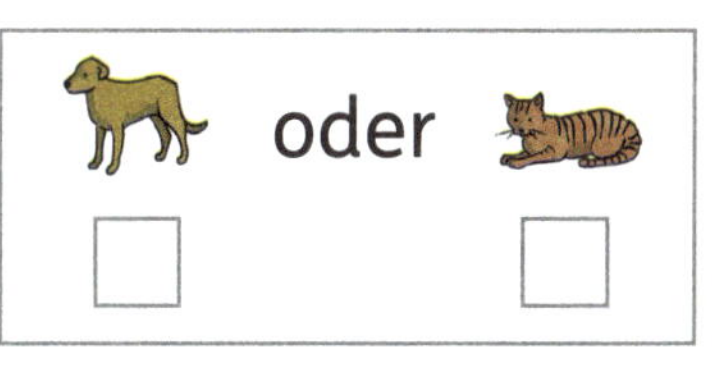

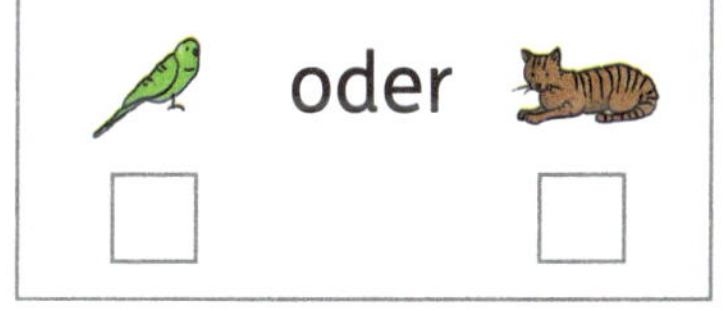

Das Einspluseins

1 Aufgaben 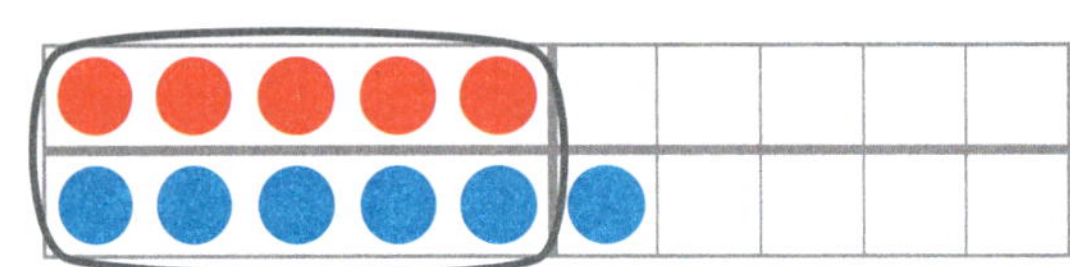 . Lege und rechne mit Fünfern.

10

$5 + 6 =$ ___
$6 + 5 =$ ___

$5 + 4 =$ ___ $7 + 5 =$ ___ $3 + 5 =$ ___ $8 + 5 =$ ___
$4 + 5 =$ ___ $5 + 7 =$ ___ $5 + 3 =$ ___ $5 + 8 =$ ___

2 Aufgaben 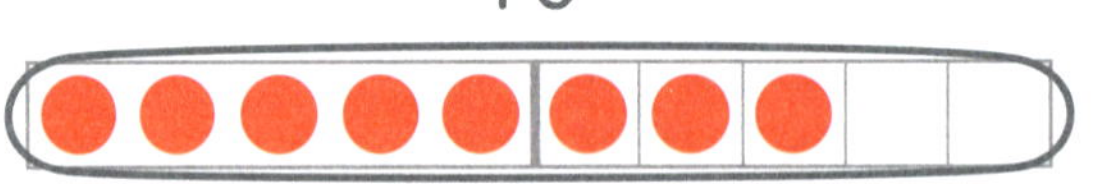 . Lege und rechne. Denke an die Zehnerpartner.

10

$8 +$ ___ $= 10$

$5 +$ ___ $= 10$ $9 +$ ___ $= 10$ $0 +$ ___ $= 10$ $2 +$ ___ $= 10$
$7 +$ ___ $= 10$ $1 +$ ___ $= 10$ $6 +$ ___ $= 10$ $3 +$ ___ $= 10$

3 Aufgaben 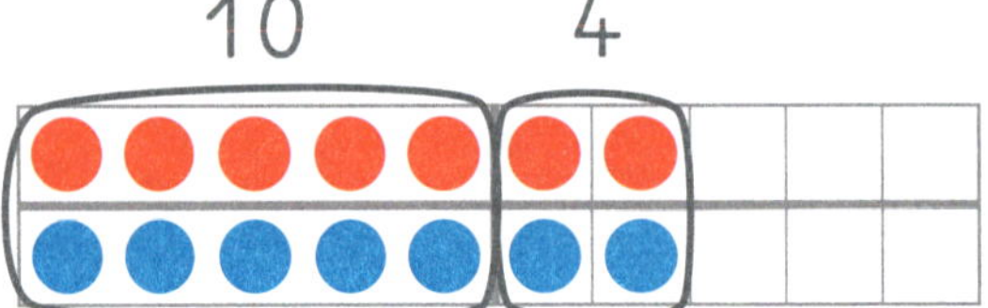 . Lege die Zahlen untereinander. Rechne.

10   4

$7 + 7 =$ ___

$5 + 5 =$ ___ $2 + 2 =$ ___ $10 + 10 =$ ___ $6 + 6 =$ ___
$3 + 3 =$ ___ $4 + 4 =$ ___ $9 + 9 =$ ___ $8 + 8 =$ ___

4 Aufgaben mit 10 . Lege und rechne mit einem Zehner.

$10 + 5 =$ ___ $10 + 1 =$ ___ $3 + 10 =$ ___ $2 + 10 =$ ___
$10 + 7 =$ ___ $10 + 4 =$ ___ $9 + 10 =$ ___ $6 + 10 =$ ___

1–4 Merkmale der einfachen Aufgaben wiederholen und zum vorteilhaften Rechnen (z. B. Doppelfünfer) nutzen.
→ Schulbuch, Seiten 6/7

Das Einspluseins

1 | Aufgaben und Nachbaraufgaben.

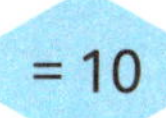 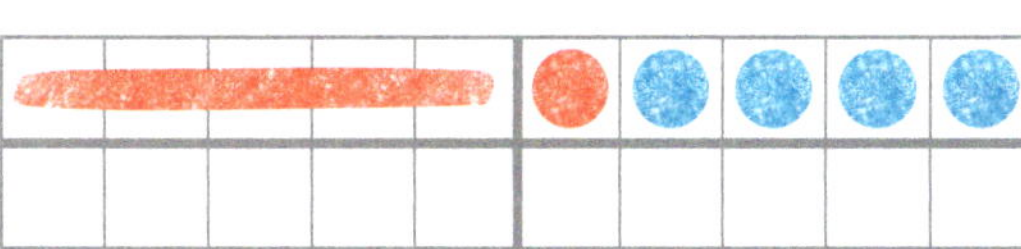 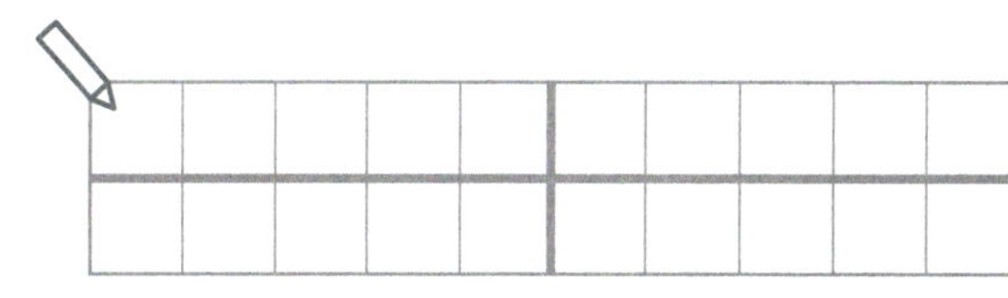

= 10

$6 + 4 =$ ____ $\qquad$ $9 + 1 =$ ____

$6 + 5 =$ ____ $\qquad$ $9 + 2 =$ ____

 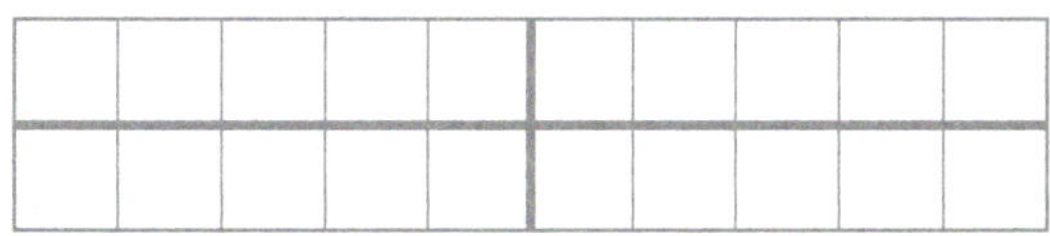 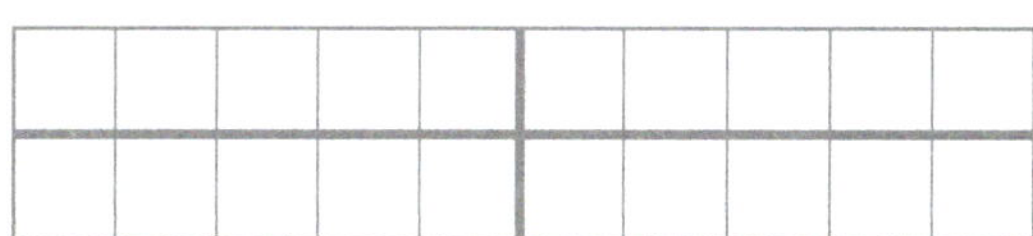

= 10

$7 + 3 =$ ____ $\qquad$ $8 + 2 =$ ____

$7 + 4 =$ ____ $\qquad$ $8 + 3 =$ ____

 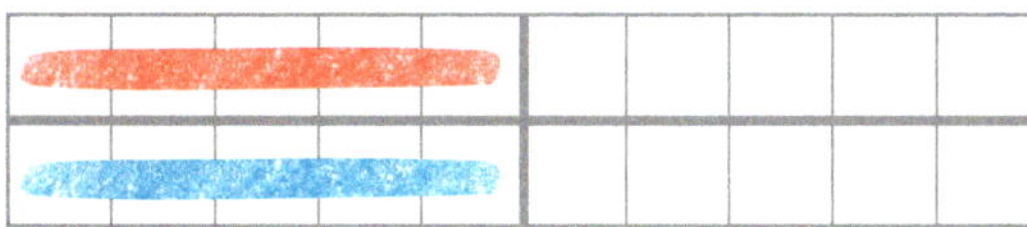 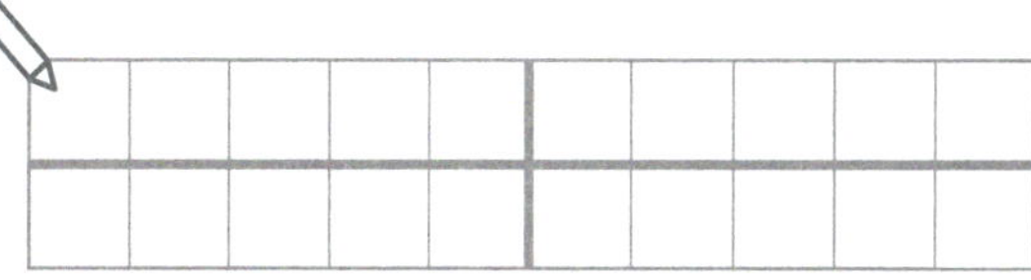

doppelt

$5 + 5 =$ ____ $\qquad$ $4 + 4 =$ ____

$5 + 6 =$ ____ $\qquad$ $4 + 5 =$ ____

 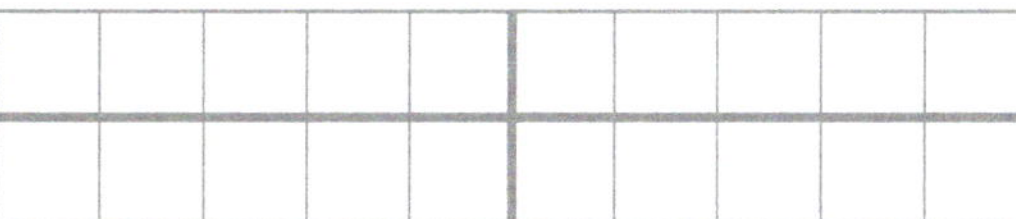 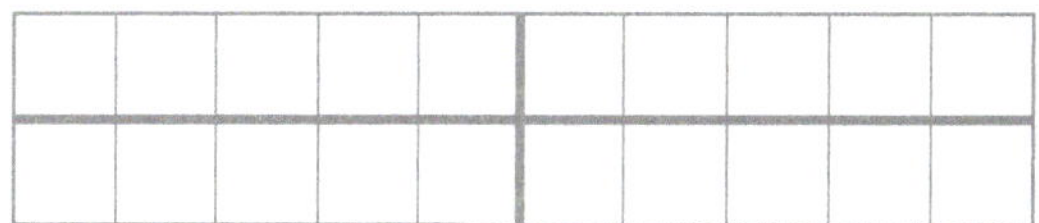

doppelt

$7 + 7 =$ ____ $\qquad$ $8 + 8 =$ ____

$7 + 8 =$ ____ $\qquad$ $8 + 9 =$ ____

 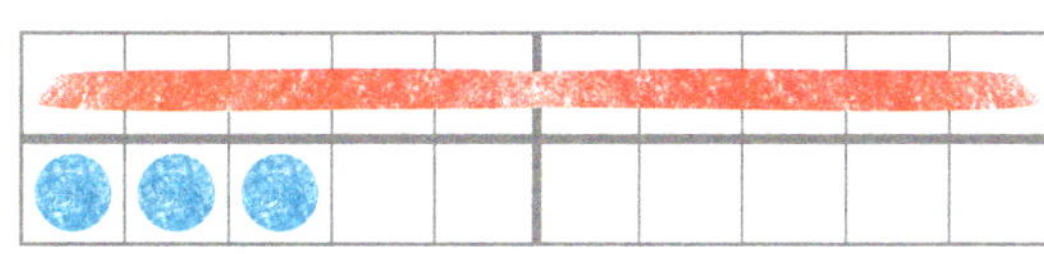 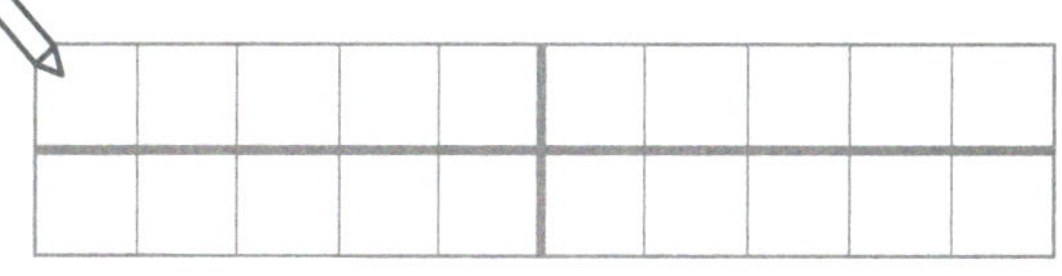

mit 10

$10 + 3 =$ ____ $\qquad$ $10 + 4 =$ ____

$9 + 3 =$ ____ $\qquad$ $9 + 4 =$ ____

2 | Rechne erst die einfache Aufgabe  mit 10   doppelt   = 10 .

$3 + 3 =$ ____ $\qquad$ $2 + 10 =$ ____ $\qquad$ $4 + 6 =$ ____ $\qquad$ $8 + 8 =$ ____

$3 + 4 =$ ____ $\qquad$ $2 + 9 =$ ____ $\qquad$ $4 + 7 =$ ____ $\qquad$ $8 + 7 =$ ____

$6 + 6 =$ ____ $\qquad$ $7 + 10 =$ ____ $\qquad$ $2 + 8 =$ ____ $\qquad$ $3 + 7 =$ ____

$6 + 7 =$ ____ $\qquad$ $7 + 9 =$ ____ $\qquad$ $2 + 9 =$ ____ $\qquad$ $2 + 7 =$ ____

Das Einsminuseins

1 Aufgaben 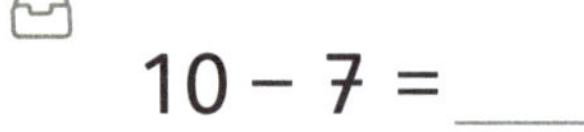 **10** . Nimm weg oder decke ab.

10 − 7 = ___
10 − 3 = ___

10 − 2 = ___   10 − 6 = ___   10 − 9 = ___   10 − 0 = ___
10 − 8 = ___   10 − 4 = ___   10 − 1 = ___   10 − 10 = ___

2 Aufgaben 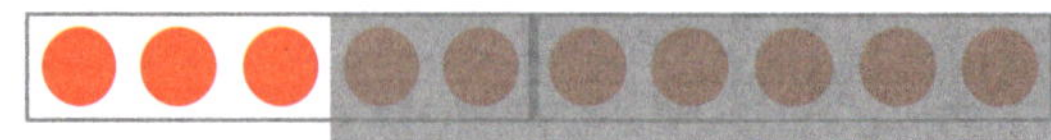 **10** . Lege mit Zehnern. Nimm weg oder decke ab.

16 − 10 = ___
16 − 6 = ___

17 − 10 = ___   12 − 2 = ___   13 − 10 = ___   18 − 8 = ___
17 − 7 = ___   12 − 10 = ___   13 − 3 = ___   18 − 10 = ___

3 Aufgaben  **5** . Lege mit Fünfern. Nimm weg oder decke ab.

13 − 5 = ___
13 − 8 = ___

16 − 5 = ___   12 − 5 = ___   14 − 9 = ___   11 − 6 = ___
16 − 11 = ___   12 − 7 = ___   14 − 5 = ___   11 − 5 = ___

4 Rechne und vergleiche.

7 − 3 = ___   5 − 2 = ___   8 − 5 = ___   9 − 4 = ___
17 − 3 = ___   15 − 2 = ___   18 − 5 = ___   19 − 4 = ___

1–4 Einfache Aufgaben wiederholen und vertiefen. Aufgabenpaare vergleichen, Beziehungen erkennen und markieren.
→ Schulbuch, Seiten 8/9

Das Einsminuseins

1 Aufgaben und Nachbaraufgaben.

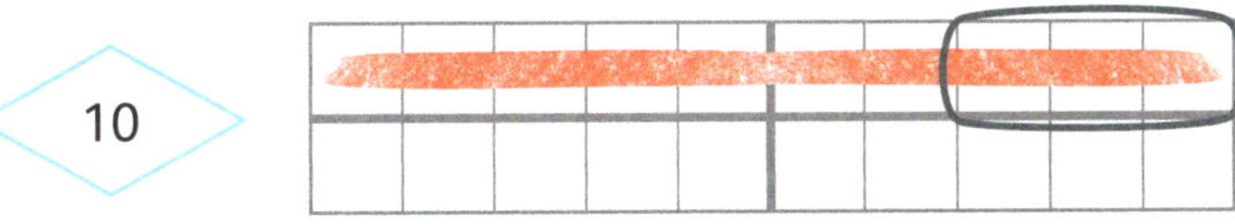

10

$10 - 3 =$ ___
$11 - 3 =$ ___

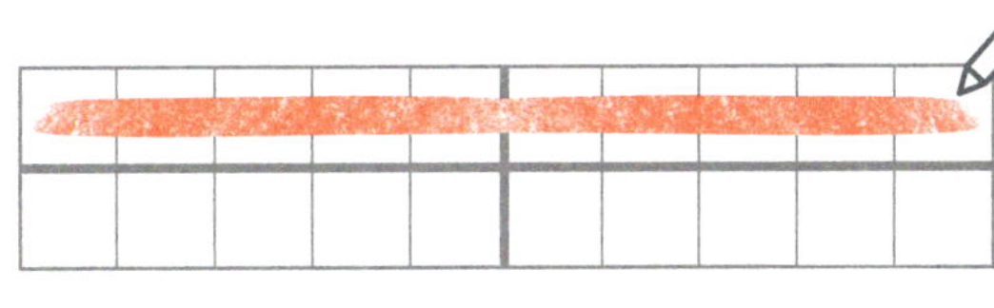

$10 - 2 =$ ___
$11 - 2 =$ ___

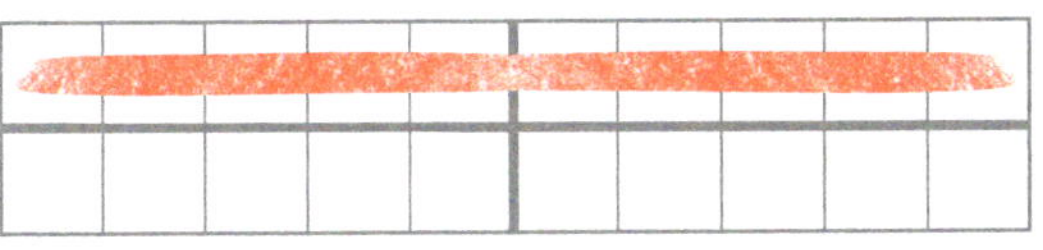

$10 - 6 =$ ___
$11 - 6 =$ ___

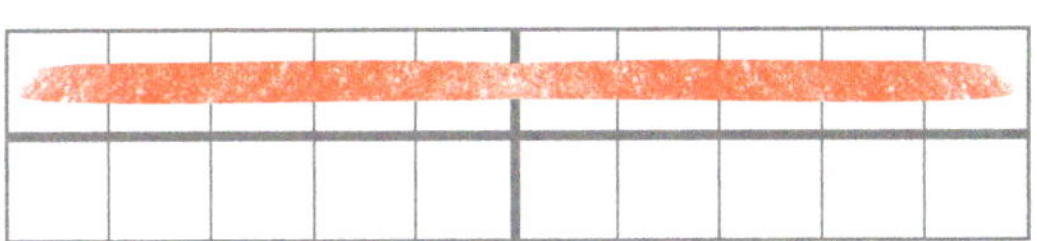

$10 - 5 =$ ___
$11 - 5 =$ ___

10

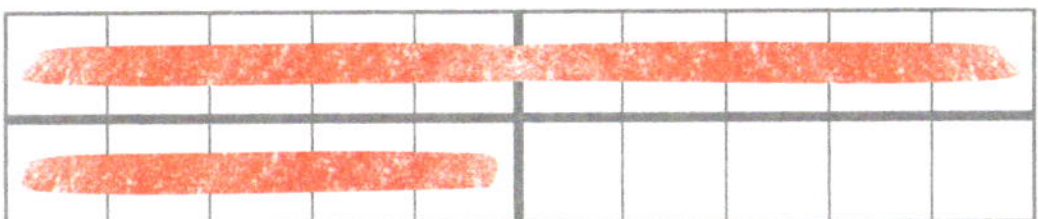

$15 - 5 =$ ___
$15 - 6 =$ ___

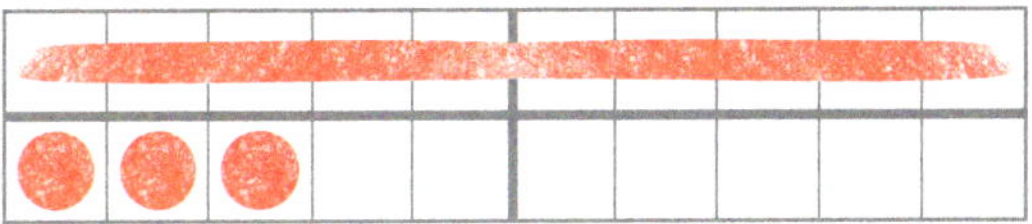

$13 - 3 =$ ___
$13 - 4 =$ ___

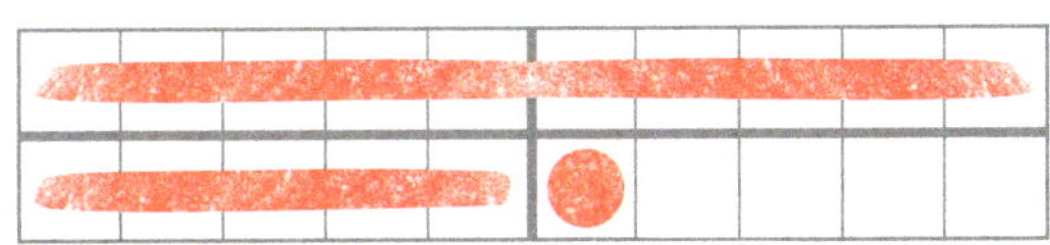

$16 - 10 =$ ___
$16 - 9 =$ ___

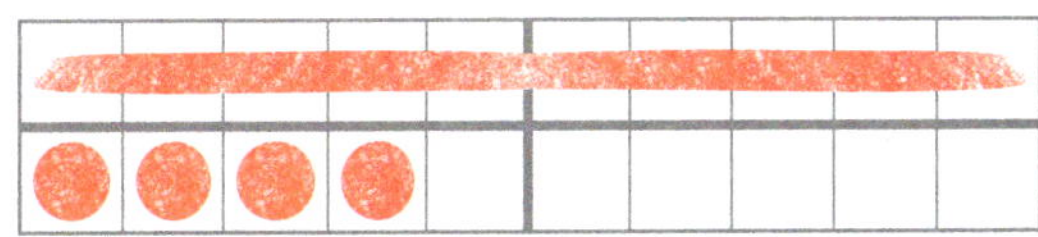

$14 - 10 =$ ___
$14 - 9 =$ ___

2 Rechne erst die einfache Aufgabe 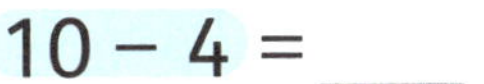 .

$10 - 4 =$ ___	$10 - 7 =$ ___	$12 - 2 =$ ___	$17 - 7 =$ ___
$11 - 4 =$ ___	$11 - 7 =$ ___	$12 - 3 =$ ___	$17 - 8 =$ ___
$13 - 3 =$ ___	$15 - 5 =$ ___	$17 - 10 =$ ___	$15 - 10 =$ ___
$13 - 5 =$ ___	$15 - 7 =$ ___	$17 - 9 =$ ___	$15 - 9 =$ ___

---

1 Nachbaraufgaben mit den einfachen Minusaufgaben lösen, Veränderungen (+1/–1) zunehmend mental lösen.
2 Beziehungen zwischen den Aufgabenpaaren erkunden und einfache Aufgaben zum Lösen von schwierigen Aufgaben nutzen.

→ Schulbuch, Seiten 8/9

Addieren und Subtrahieren

1 Umkehraufgaben.

Immer zwei Aufgaben zu einem Bild.

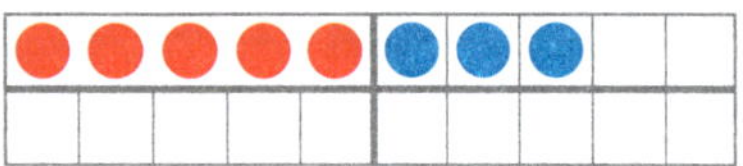

$5 + 3 = \underline{\hphantom{00}}$

$8 - 3 = \underline{\hphantom{00}}$

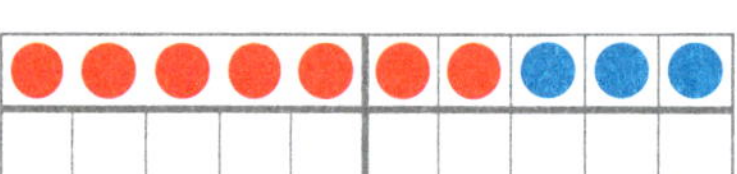

$5 + 2 = \underline{\hphantom{00}}$

$7 - 2 = \underline{\hphantom{00}}$

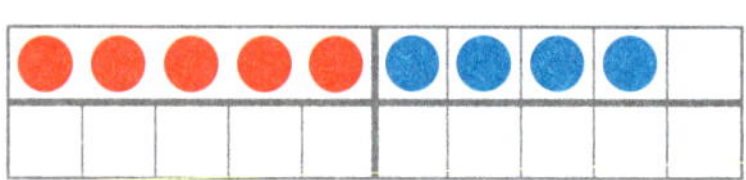

$5 + 4 = \underline{\hphantom{00}}$

$9 - 4 = \underline{\hphantom{00}}$

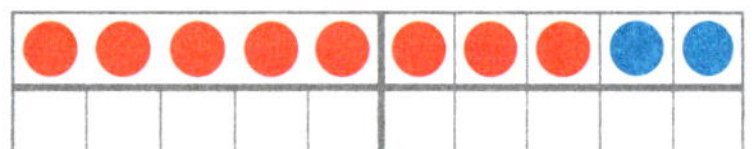

$8 + \underline{\hphantom{00}} = \underline{\hphantom{00}}$

$\underline{\hphantom{00}} - \underline{\hphantom{00}} = \underline{\hphantom{00}}$

$7 + \underline{\hphantom{00}} = \underline{\hphantom{00}}$

$\underline{\hphantom{00}} - \underline{\hphantom{00}} = \underline{\hphantom{00}}$

$4 + \underline{\hphantom{00}} = \underline{\hphantom{00}}$

$\underline{\hphantom{00}} - \underline{\hphantom{00}} = \underline{\hphantom{00}}$

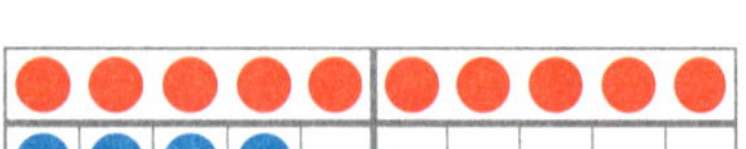

$10 + \underline{\hphantom{00}} = \underline{\hphantom{00}}$

$\underline{\hphantom{00}} - \underline{\hphantom{00}} = \underline{\hphantom{00}}$

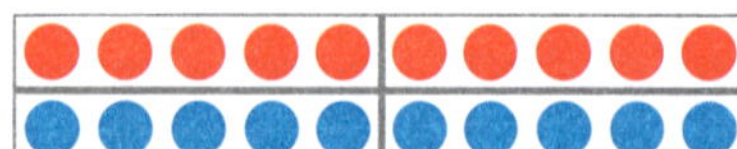

$\underline{\hphantom{00}} + \underline{\hphantom{00}} = \underline{\hphantom{00}}$

$\underline{\hphantom{00}} - \underline{\hphantom{00}} = \underline{\hphantom{00}}$

$\underline{\hphantom{00}} + \underline{\hphantom{00}} = \underline{\hphantom{00}}$

$\underline{\hphantom{00}} - \underline{\hphantom{00}} = \underline{\hphantom{00}}$

2 Ergänze und vergleiche.

a)

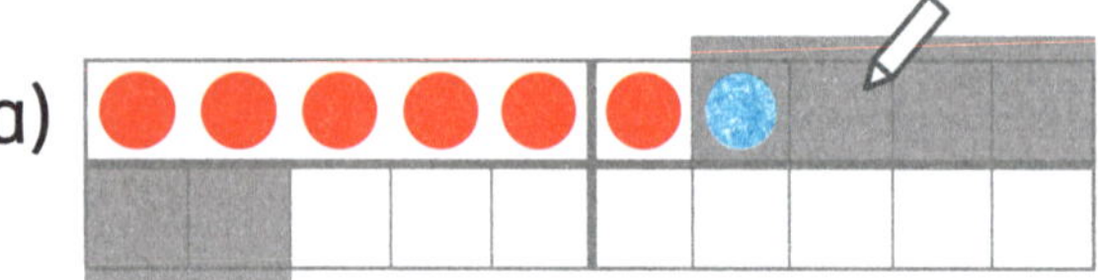

$6 + \underline{6} = 12$

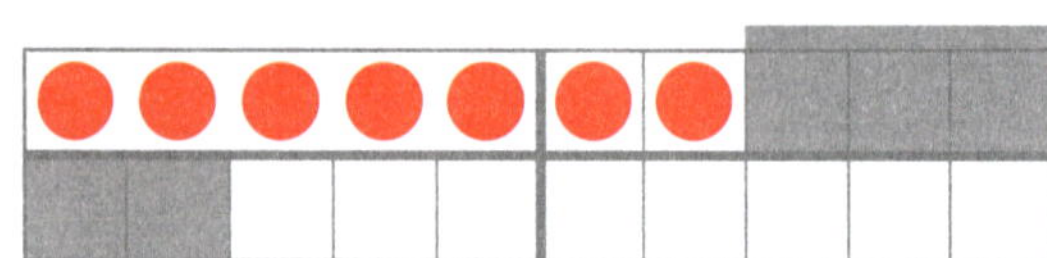

$7 + \underline{\hphantom{00}} = 12$

b)

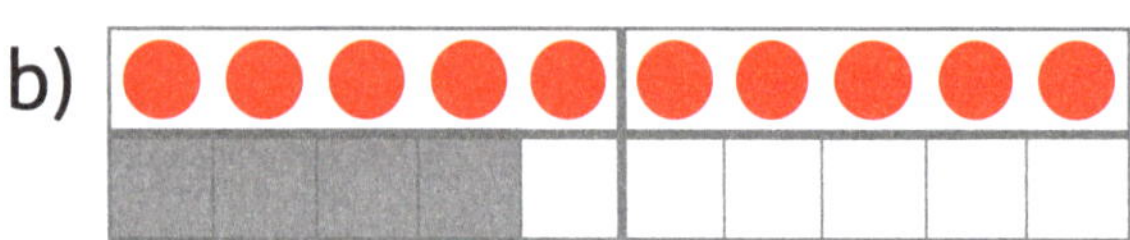

$10 + \underline{\hphantom{00}} = 14$

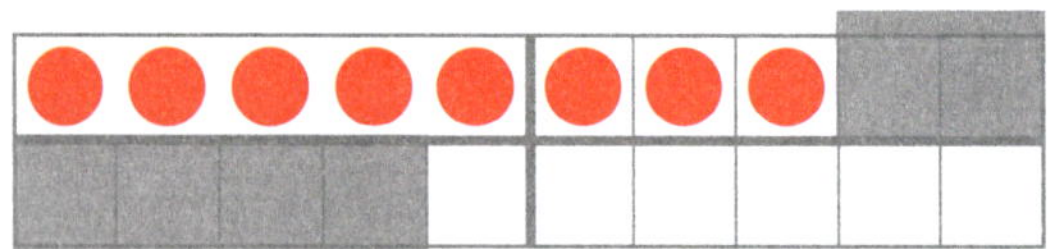

$8 + \underline{\hphantom{00}} = 14$

c)

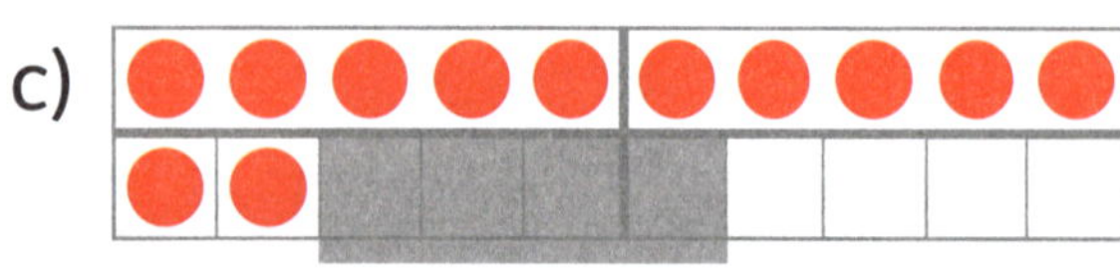

$12 + \underline{\hphantom{00}} = 16$

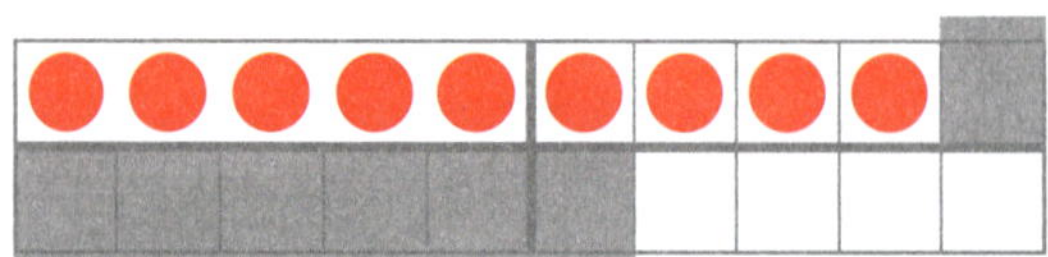

$9 + \underline{\hphantom{00}} = 16$

1 Aufgabe und Umkehraufgabe am Zwanzigerfeld sehen und rechnen. Aufgabe, Tauschaufgabe und Umkehraufgabe ggf. legen und rechnen.   2 Aufgaben durch Ergänzen lösen, fehlende Anzahlen einzeichnen, Aufgabenpaare vergleichen.

→ Schulbuch, Seiten 10/11

Zehnerzahlen

1 Lege und rechne mit Zehnern.

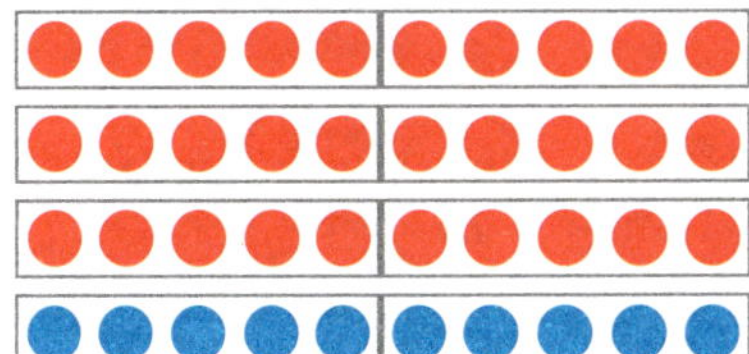 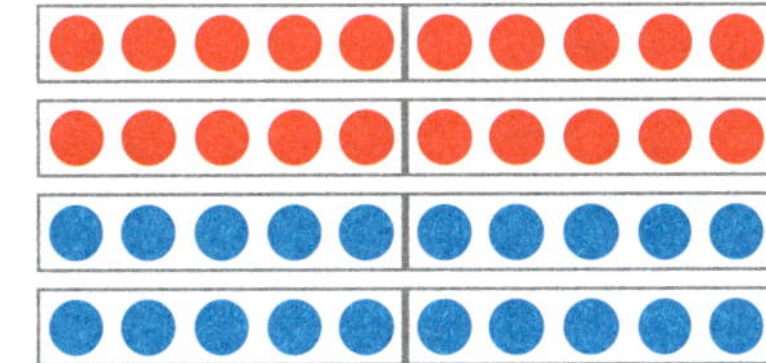 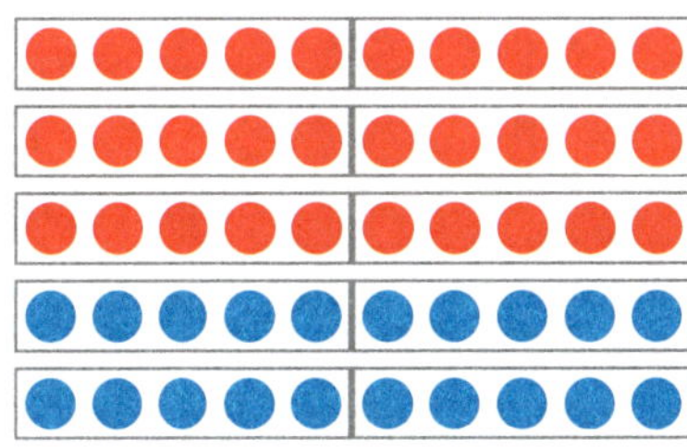

$3\,\mathbf{Z} + \quad \mathbf{Z} = \quad \mathbf{Z}$ $\quad \mathbf{Z} + \quad \mathbf{Z} = \quad \mathbf{Z}$ $\quad \mathbf{Z} + \quad \mathbf{Z} = \quad \mathbf{Z}$

$30 + \quad = \quad$ $\quad + \quad = \quad$ $\quad + \quad = \quad$

2 Rechne und zeichne.

a) $2\,\mathbf{Z} + 5\,\mathbf{Z} = \quad \mathbf{Z}$ b) $2\,\mathbf{Z} + 6\,\mathbf{Z} = \quad \mathbf{Z}$ c) $4\,\mathbf{Z} + 4\,\mathbf{Z} = \quad \mathbf{Z}$

$20 + 50 = \quad$ $\quad + \quad = \quad$ $\quad + \quad = \quad$

3 Rechne und zeichne.

a) $10\,\mathbf{Z} - 4\,\mathbf{Z} = \quad \mathbf{Z}$ b) $10\,\mathbf{Z} - 3\,\mathbf{Z} = \quad \mathbf{Z}$ c) $7\,\mathbf{Z} - 2\,\mathbf{Z} = \quad \mathbf{Z}$

$100 - 40 = \quad$ $\quad - \quad = \quad$ $\quad - \quad = \quad$

  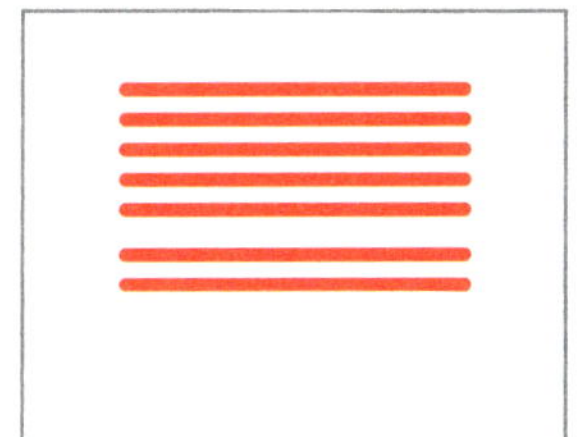

4
a) $10 + 10 = \underline{\quad}$ b) $60 + 10 = \underline{\quad}$ c) $50 - 20 = \underline{\quad}$

$30 + 10 = \underline{\quad}$ $50 + 20 = \underline{\quad}$ $60 - 20 = \underline{\quad}$

$50 + 10 = \underline{\quad}$ $40 + 30 = \underline{\quad}$ $70 - 20 = \underline{\quad}$

Mit Geld rechnen

1 Wie viel zusammen?

$10 € + 10 € + 10 € =$ _______

____

$10 \text{ ct} +$ _______

____

2 Zeichne und rechne.

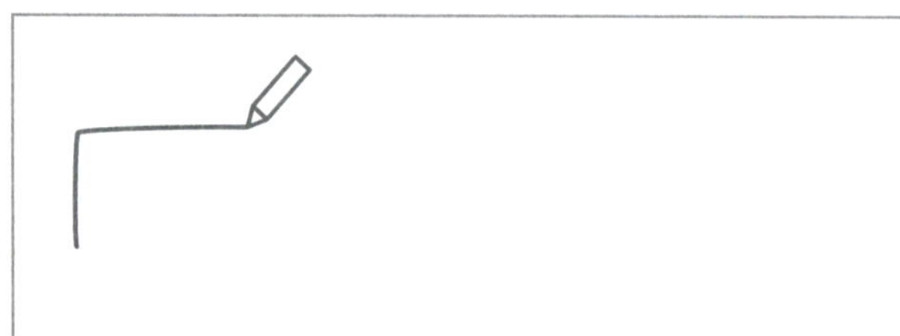

$20 € + 20 € + 10 € =$ _______ $20 \text{ ct} + 20 \text{ ct} + 10 \text{ ct} =$ _______

3
a) $4 € + 1 € =$ ___ €   b) $3 € + 4 € =$ ___ €   c) $4 € +$ ___ $€ = 10 €$

  $40 € + 10 € =$ ___ € $30 € + 40 € =$ ___ € $40 € +$ ___ $€ = 100 €$

d) $10 € - 4 € =$ ___ €   e) $5 € - 3 € =$ ___ €   f) $10 € -$ ___ $€ = 5 €$

  $100 € - 40 € =$ ___ € $50 € - 30 € =$ ___ € $100 € -$ ___ $€ = 50 €$

1 Mit Zehnern rechnen. **2** Münzen und Scheine passend zeichnen und Geldbeträge berechnen. **3** Analogie des Rechnens mit Zehnern und Einern.

→ Schulbuch, Seiten 14/15

Muster legen

1 Setze das Grundmuster fort. Zeichne.

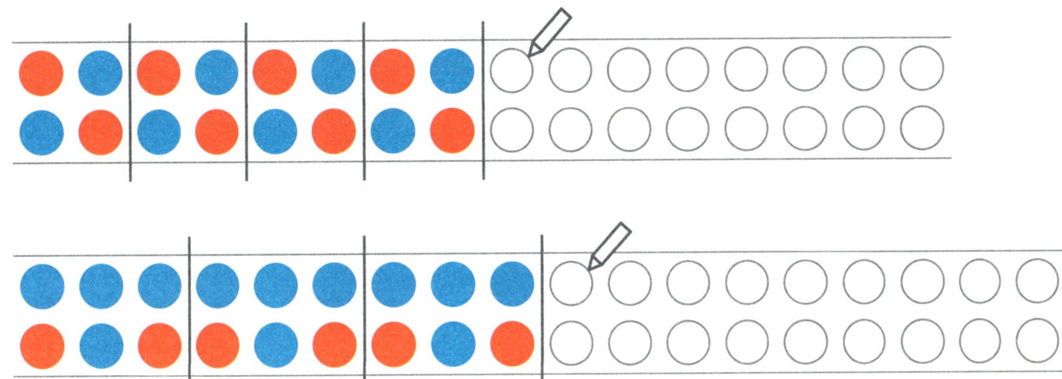

2 Setze fort und zeichne. Markiere das Grundmuster.

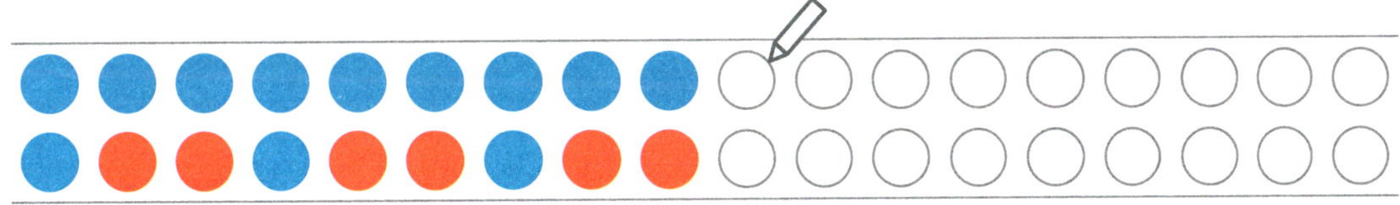

3 Setze das Grundmuster fort. Zeichne.

a) 1. Bild   2. Bild   3. Bild   4. Bild   5. Bild

1 + 1   2 + 2   ___ + ___   ___ + ___   ___ + ___

b) 1. Bild   2. Bild   3. Bild   4. Bild   5. Bild

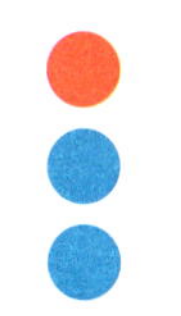  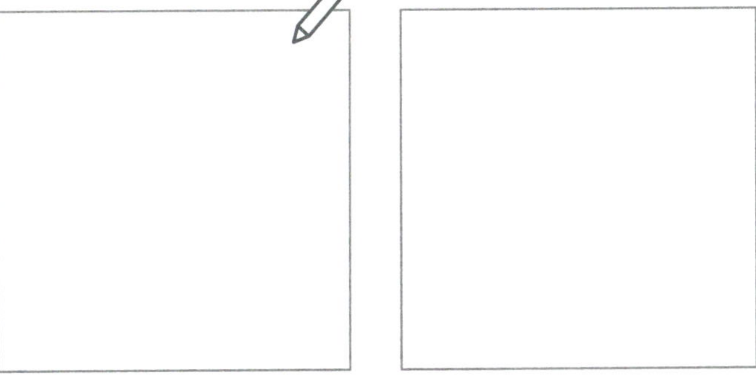

1 + 1   ___ + ___   ___ + ___   ___ + ___   ___ + ___

---

1 Muster fortsetzen. 2 Grundmuster selbst finden, Muster fortsetzen und Grundmuster markieren. 3 Musterfolgen fortsetzen.

→ Schulbuch, Seiten 16/17

1 Lieblingseis. Zeichne ein Schaubild.

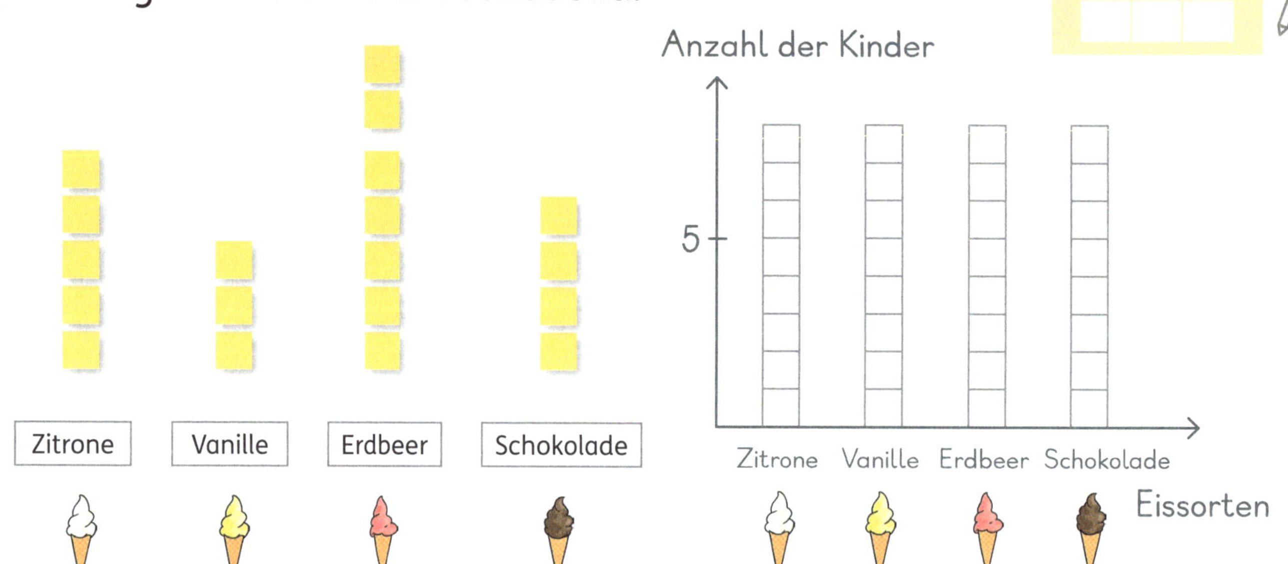

2 Rechne geschickt mit ⬥ mit 10 ⬥ doppelt ⬥ = 10 .

$6 + 10 =$ ___ $5 + 5 =$ ___ $7 + 7 =$ ___ $10 + 4 =$ ___

$6 + 9 =$ ___ $5 + 6 =$ ___ $8 + 7 =$ ___ $9 + 4 =$ ___

3 Rechne geschickt mit ⬥ 10 ⬥ 10 .

$13 - 3 =$ ___ $17 - 10 =$ ___ $12 - 2 =$ ___ $10 - 4 =$ ___

$13 - 4 =$ ___ $17 - 9 =$ ___ $12 - 3 =$ ___ $11 - 4 =$ ___

4 Mit Zehnern rechnen wie mit Einern.

$50 + 30 =$ ___ $40 + 40 =$ ___ $70 - 50 =$ ___ $80 - 30 =$ ___

5 Zeichne aus dem Grundmuster ein Muster.

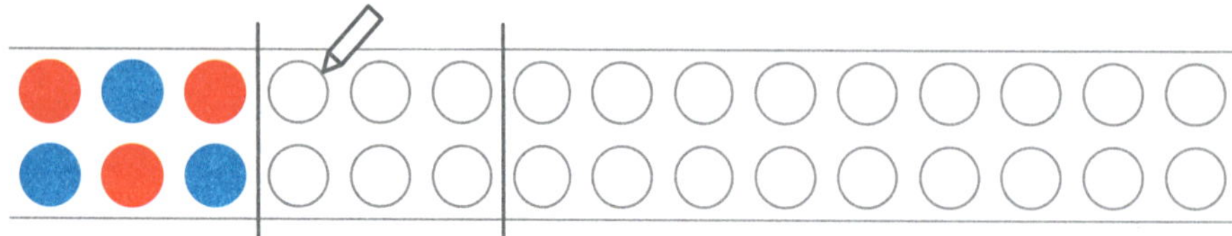

Wesentliche Inhalte des Kapitels noch einmal reflektieren, die eigenen Kompetenzen einschätzen.
→ Schulbuch, Seiten 20/21

1 Welcher Körper? Verbinde.

Kugel

Zylinder

Quader
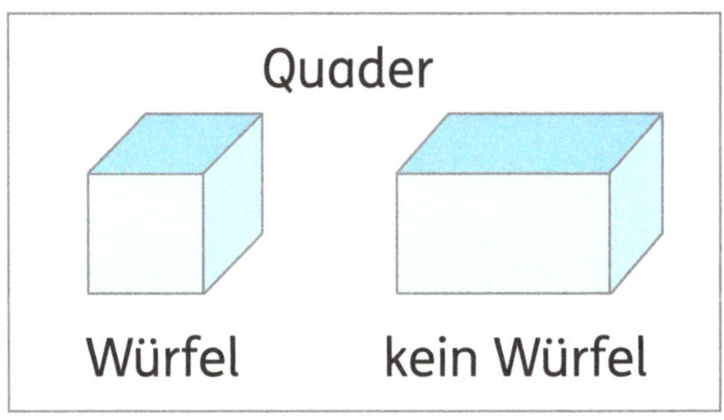
Würfel   kein Würfel

2 Schreibe einen Steckbrief.

Das ist ein Quader.

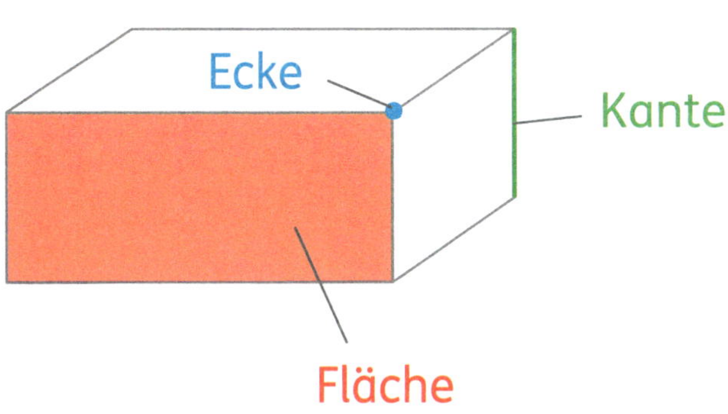

Steckbrief „Quader"

Ein Quader hat _____ Flächen.

Ein Quader hat _____ Ecken.

Ein Quader hat _____ Kanten.

Folgende Dinge haben diese Form:

____

____

____

Würfelgebäude

○ **1** | Zeichne die Baupläne.

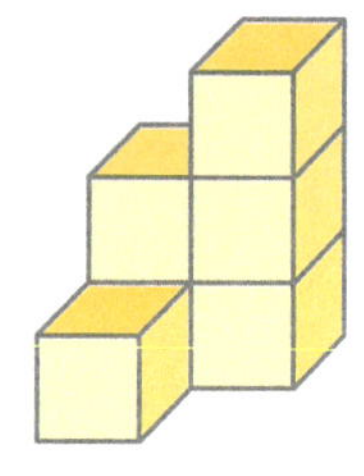   
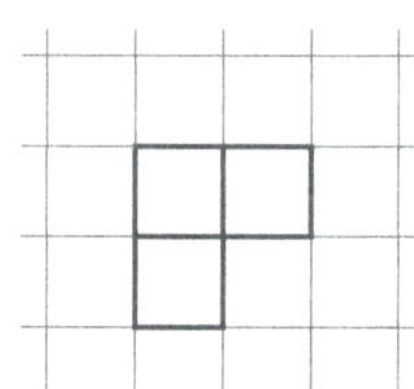 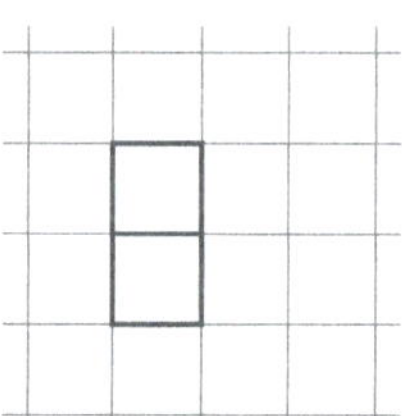 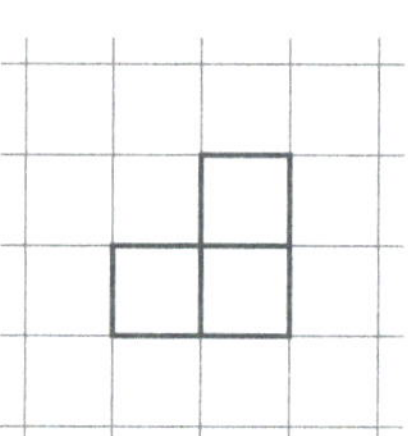 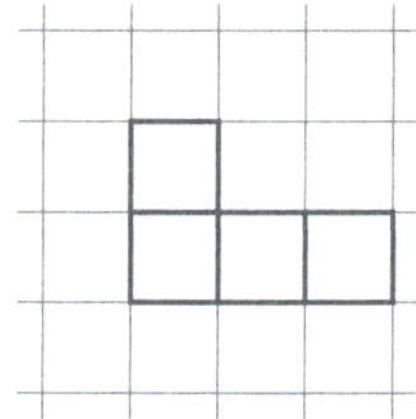

○ **2** | Immer 1 Würfel **mehr**. Zeichne die Baupläne.

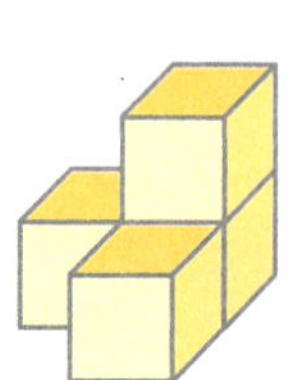  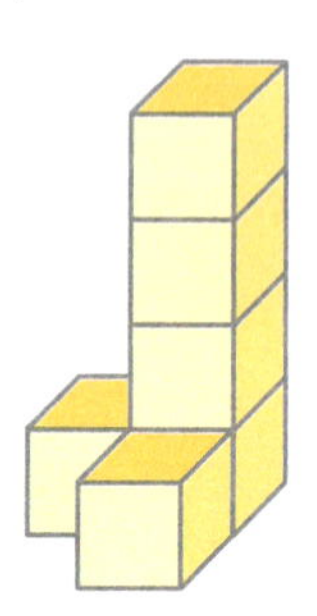 
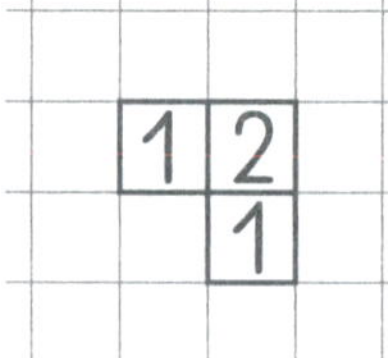 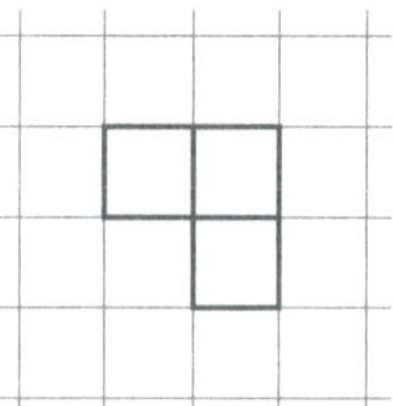 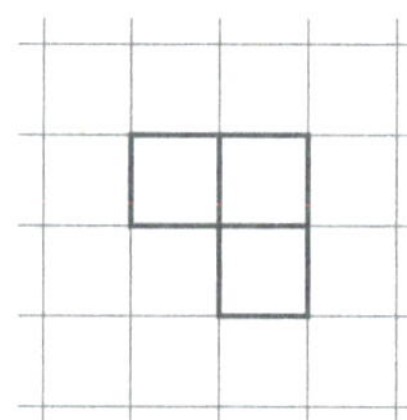 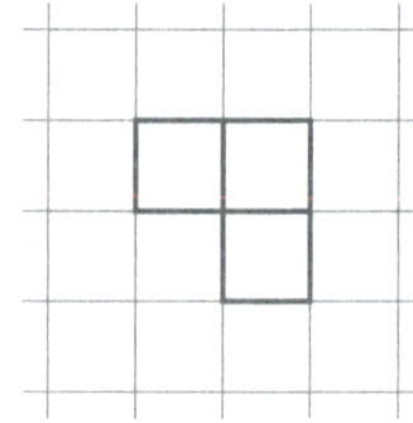

○ **3** | Immer 1 Würfel **weniger**. Zeichne die Baupläne.

   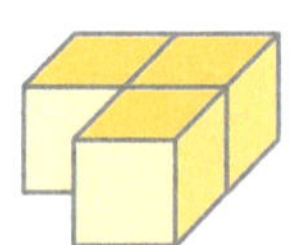
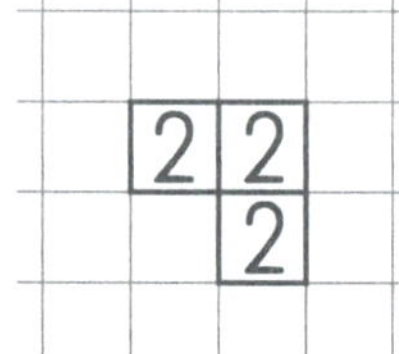 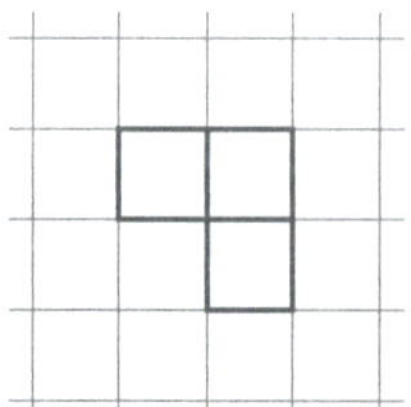 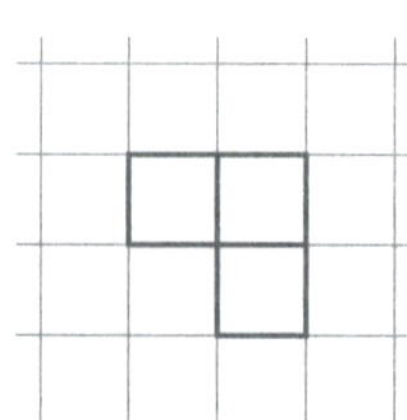 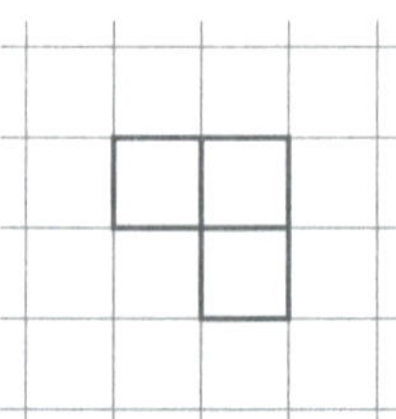

1 Baupläne zeichnen. Bei Problemen mit Würfeln nachbauen lassen und den Blick von oben einnehmen. **2, 3** Baupläne zeichnen. Das Muster (1 Würfel mehr, 1 Würfel weniger) beobachten und zeigen lassen: An welcher Stelle im Würfelgebäude und im Bauplan wird ein Würfel dazugelegt oder weggenommen?

→ Schulbuch, Seiten 24/25

1 Wie viele **Z**ehner (**Z**), wie viele **E**iner (**E**)? Bündle immer 10.

a)
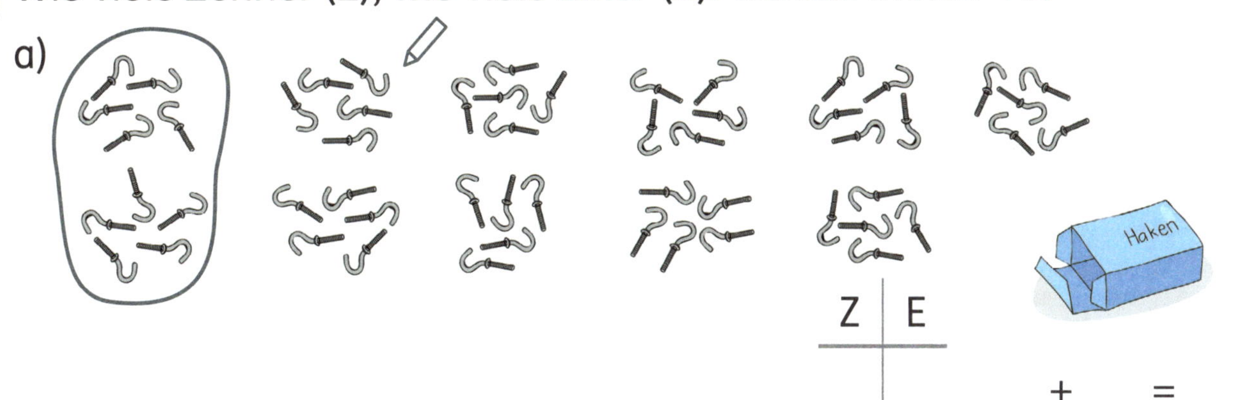
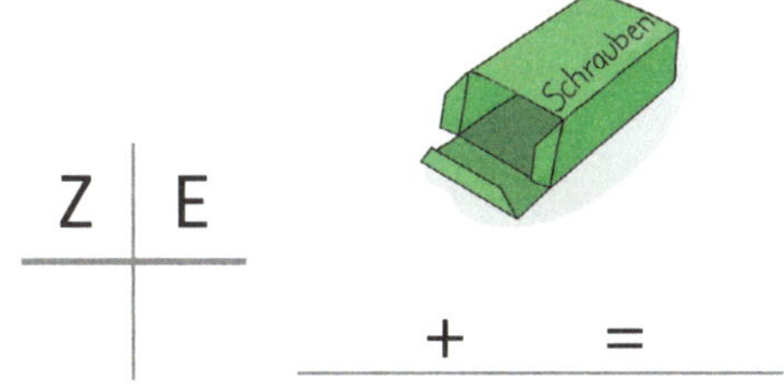

Z	E

___ + ___ = ___

b)
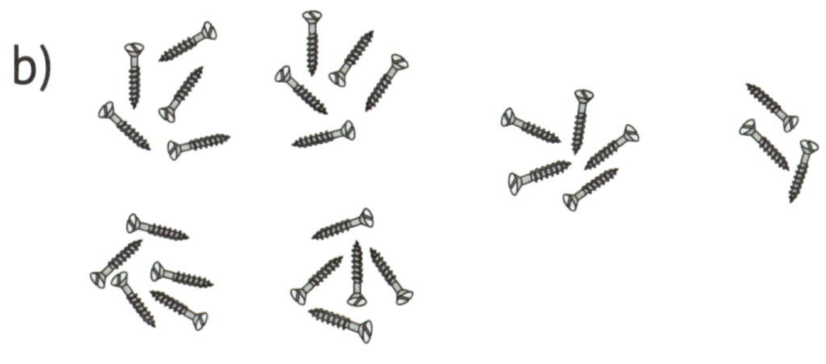

Z	E

___ + ___ = ___

c)
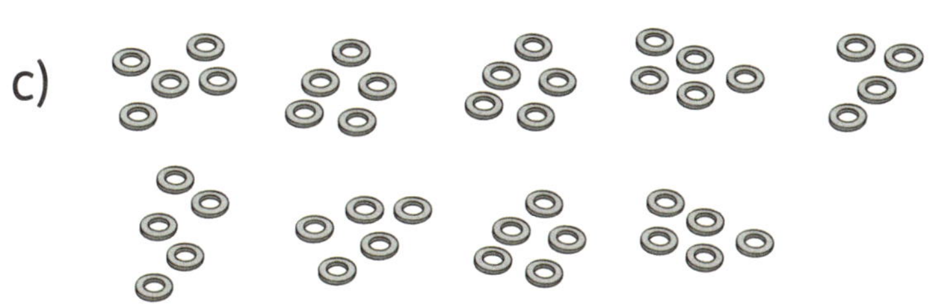

Z	E

___ + ___ = ___

2 Wie viele **Z**ehner? Wie viele **E**iner?

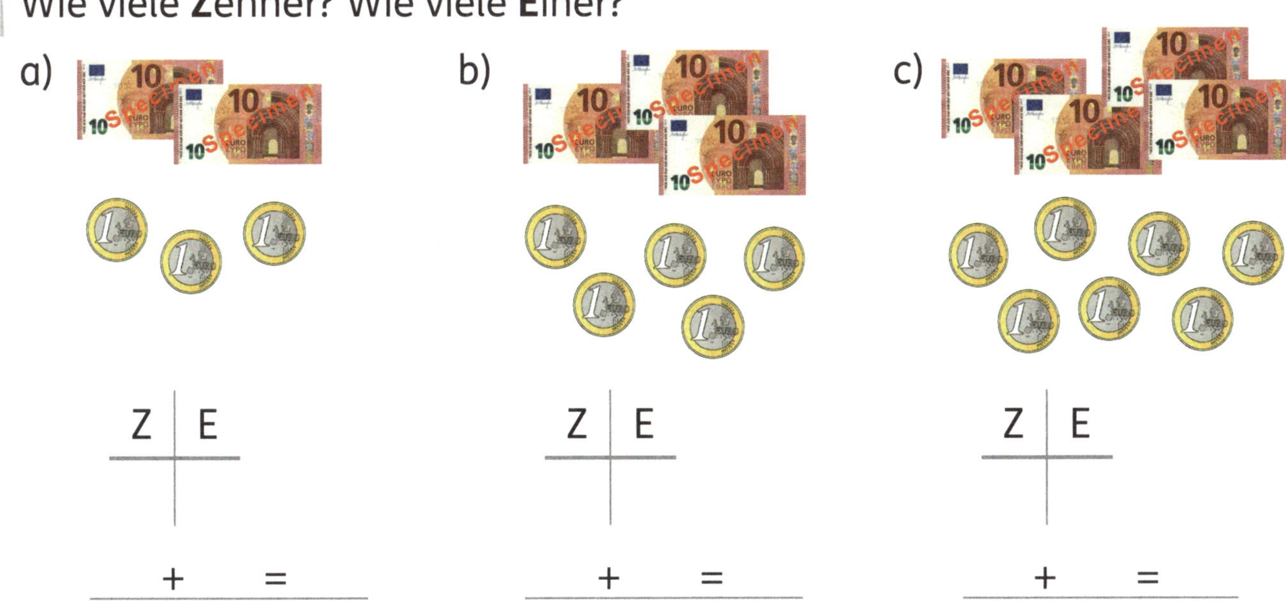

a)

Z	E

___ + ___ = ___

b)

Z	E

___ + ___ = ___

c)

Z	E

___ + ___ = ___

1, 2 Schnelles Sehen von Anzahlen, Unterschied zwischen 1 Zehner und 10 Einern bewusst machen. Stellenwerttafel und Schreibweise der Zahlen herausstellen. Material zum Legen bereitstellen, ggf. Stellenkarten nutzen.

→ Schulbuch, Seiten 26/27

1 Wie viele? Bündele immer 10.

a) 26 **E**iner

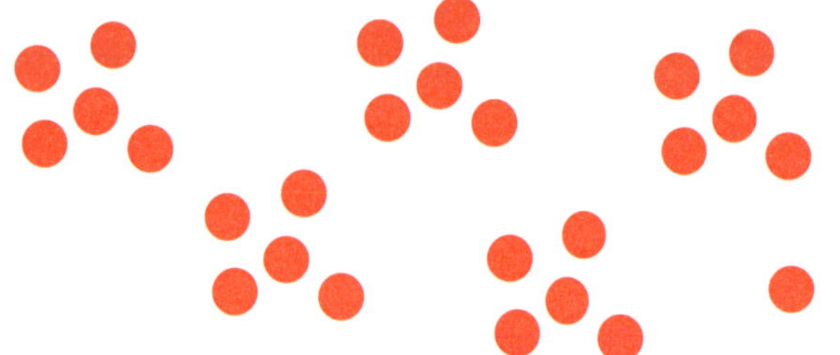

Z	E

____ + ____ = ____

b) 32 **E**iner

Z	E

____ + ____ = ____

c) 2 **Z**ehner, 4 **E**iner

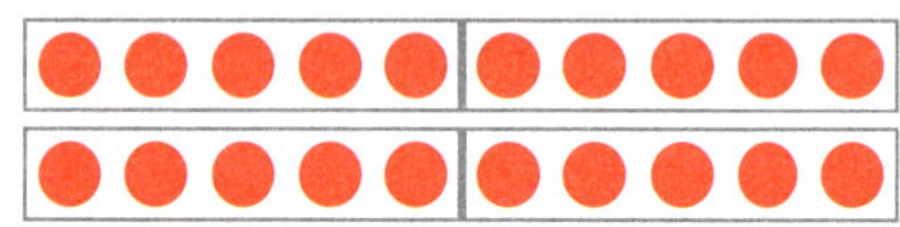

Z	E

____ + ____ = ____

d) 1 **Z**ehner, 13 **E**iner

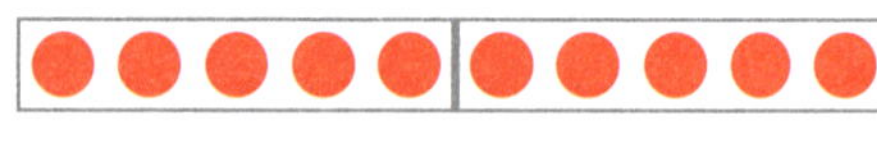

Z	E

____ + ____ = ____

e) 3 **Z**ehner, 15 **E**iner

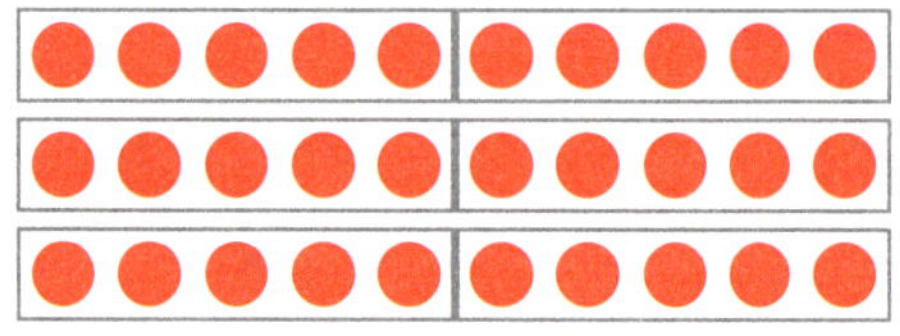

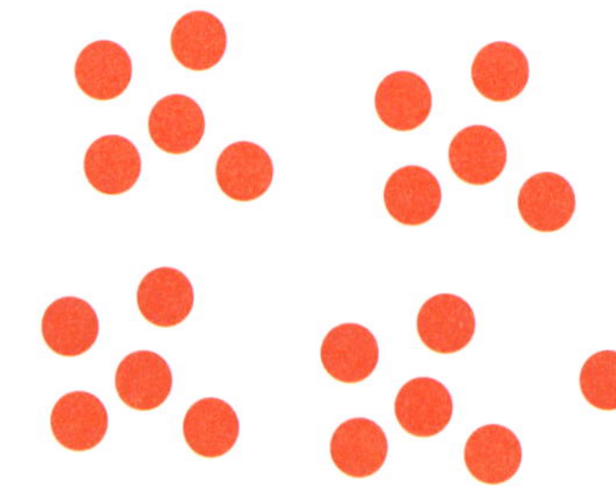

Z	E

____ + ____ = ____

f) 4 **Z**ehner, 21 **E**iner

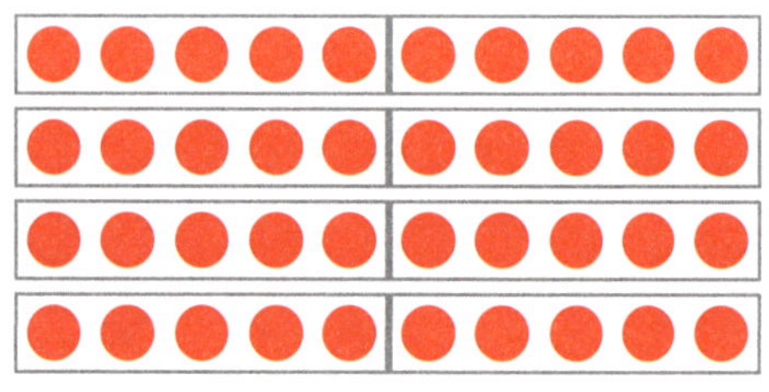

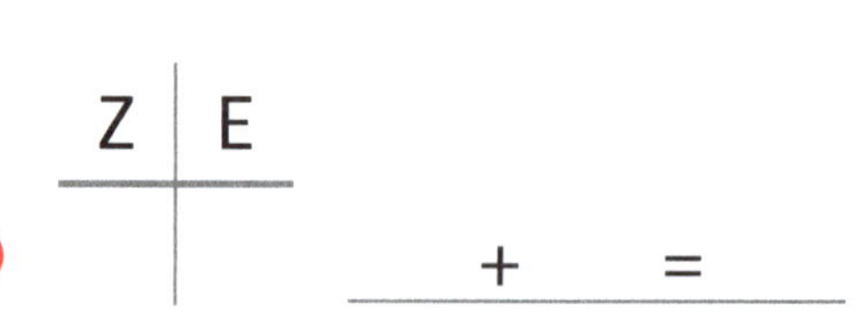

Z	E

____ + ____ = ____

1 Darstellung einer Zahl in Zehner und Einer erfassen, in der Stellentafel notieren. Bündeln von 10 Einern zu einem Zehner vertiefen, ggf. mit Material nachlegen, Bündelungen markieren (z. B. mit Gummiring, Wollfaden).

→ Schulbuch, Seiten 26/27

Die Zahlen bis 100

1 Welche Zahlen?

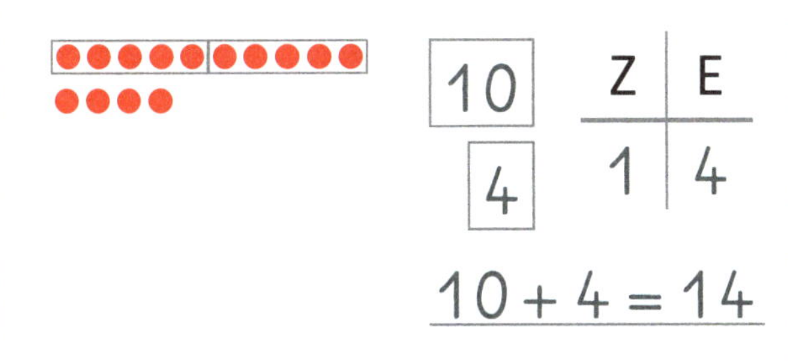

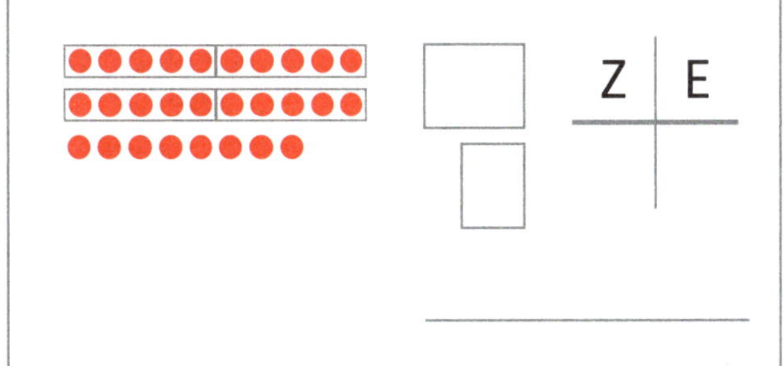

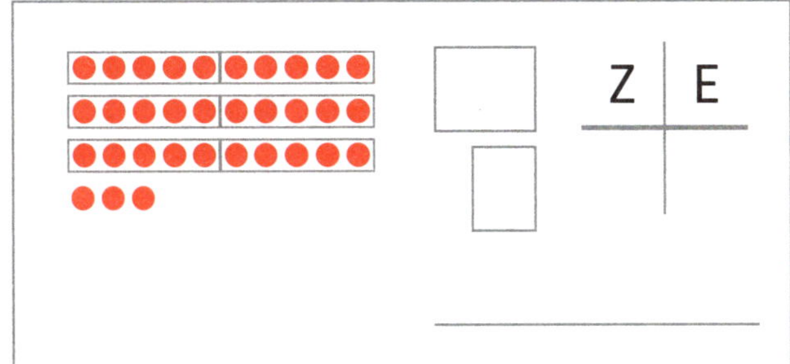

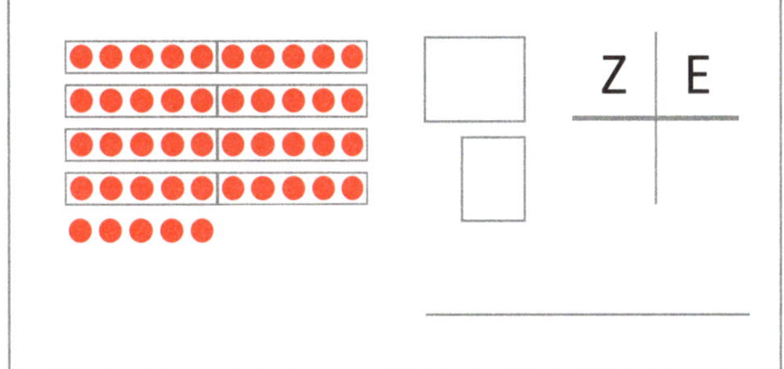

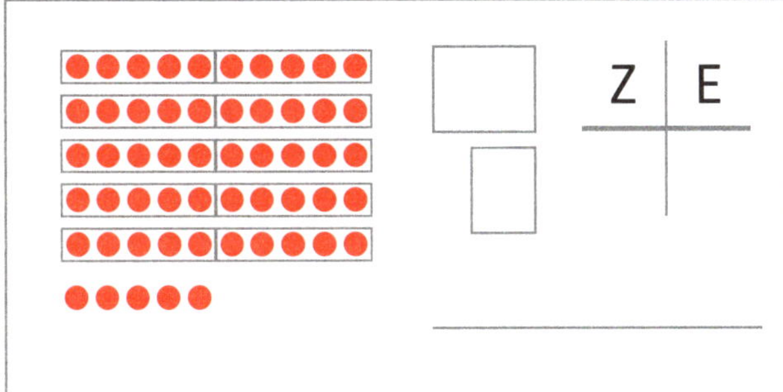

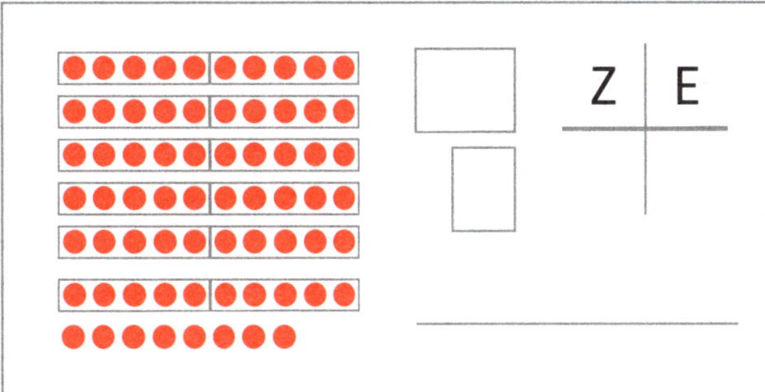

2 Welche Zahlen?

50 + 1 = ___	70 + 4 = ___	10 + 9 = ___	60 + 7 = ___
50 + 2 = ___	80 + 4 = ___	20 + 8 = ___	50 + 6 = ___
50 + 3 = ___	90 + 4 = ___	30 + 7 = ___	40 + 5 = ___

3 Zerlege.

28 = ___ + ___	82 = ___ + ___	55 = ___ + ___	77 = ___ + ___
64 = ___ + ___	46 = ___ + ___	80 = ___ + ___	10 = ___ + ___
42 = ___ + ___	24 = ___ + ___	39 = ___ + ___	93 = ___ + ___

1 Wie viele?

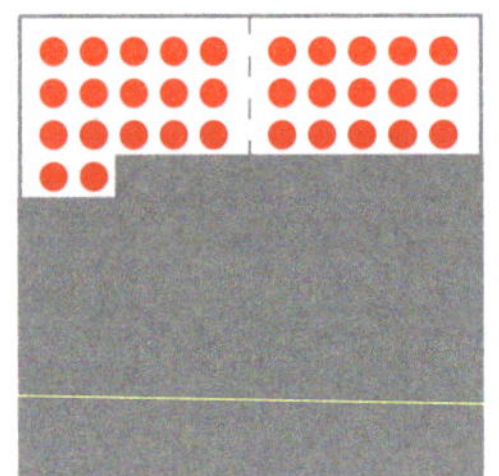 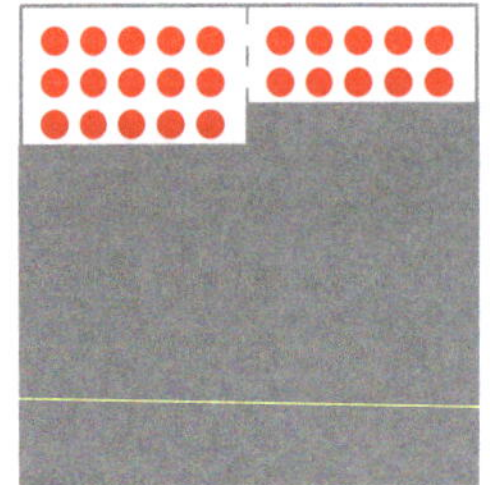 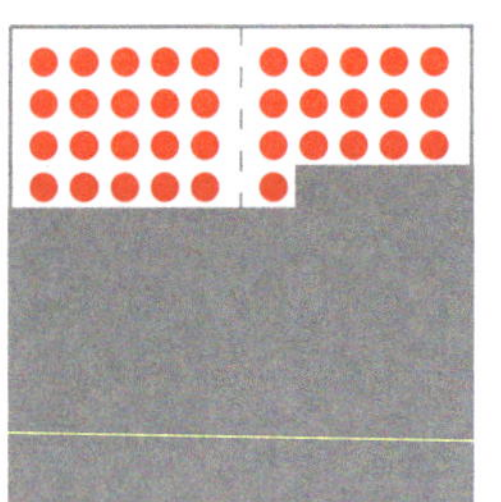 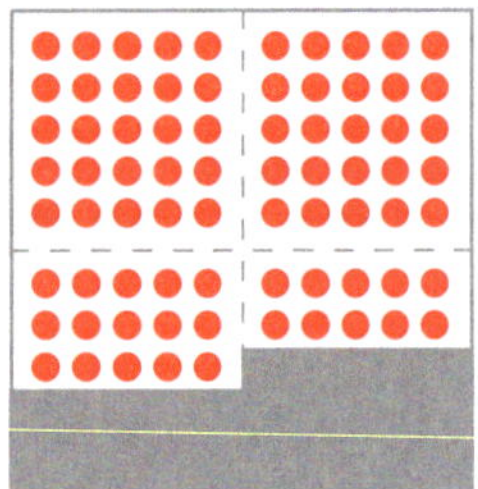

Z	E
3	2	32

Z	E

Z	E

Z	E

2 Zeichne die Zahlbilder. Vergleiche.

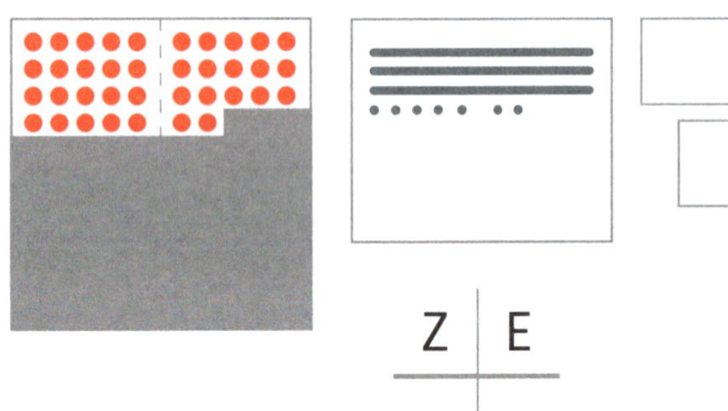

Z	E

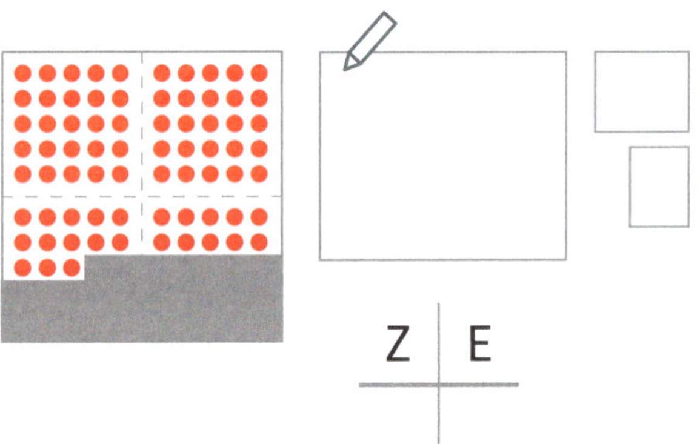

Z	E

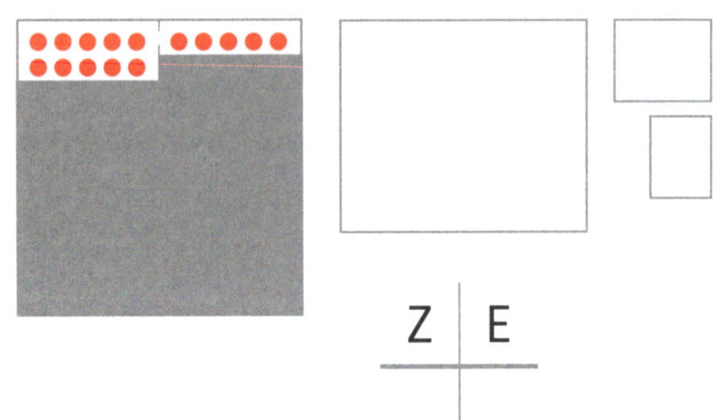

Z	E

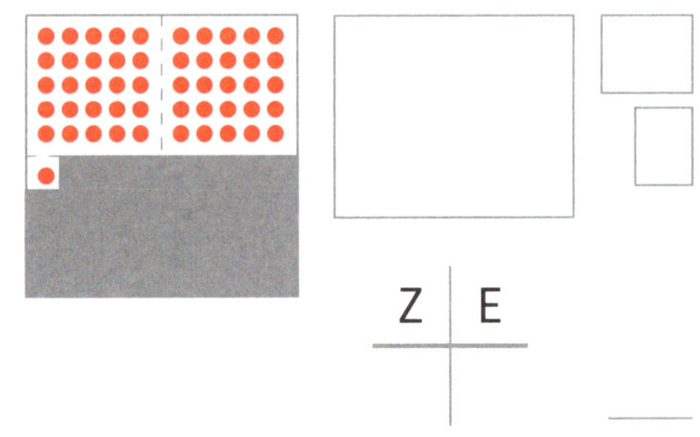

Z	E

3 Welche Zahlen?

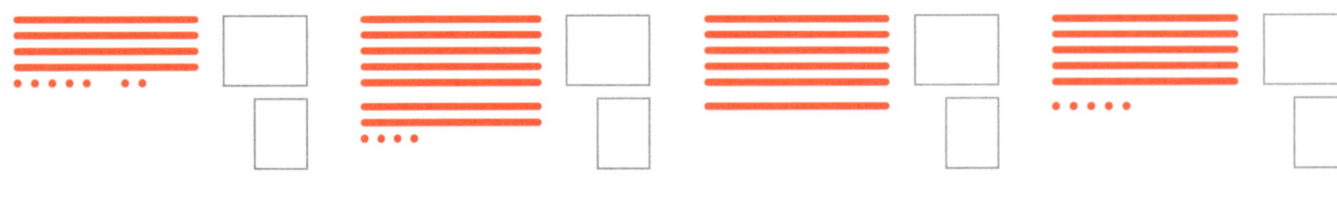

1–3 Zahlbilder erkennen.
→ Schulbuch, Seiten 30/31

Das Hunderterfeld

1 Ergänze bis 100.

a) 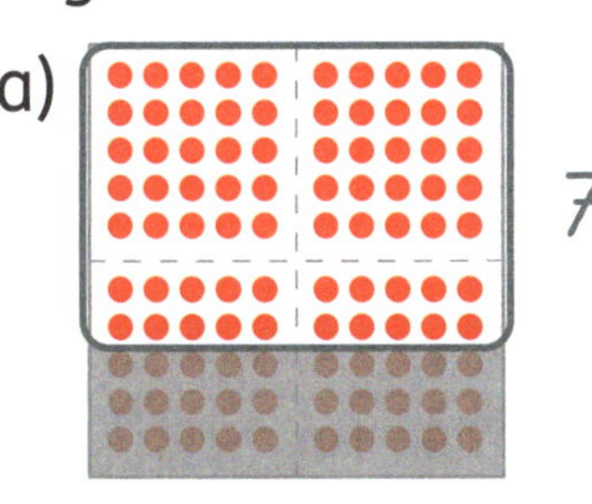   70

$$70 + 30 = 100$$

b) 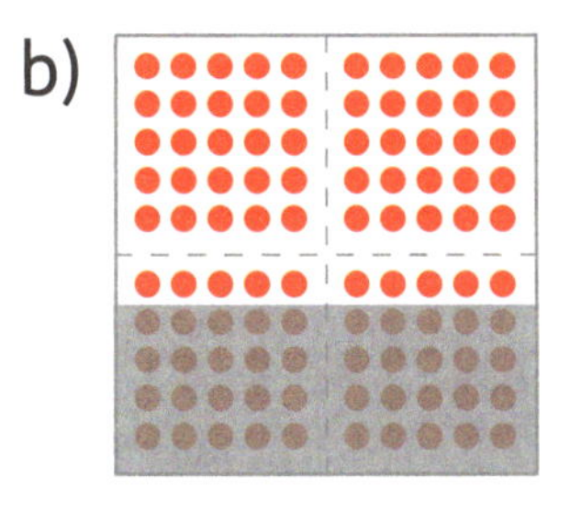

___ + ___ = ___

c) 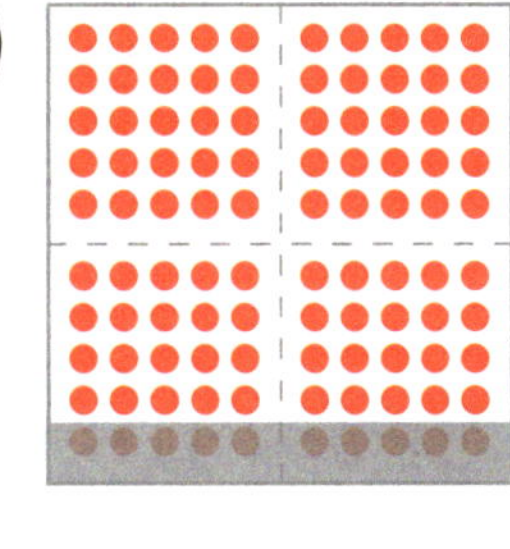

___ + ___ = ___

d) 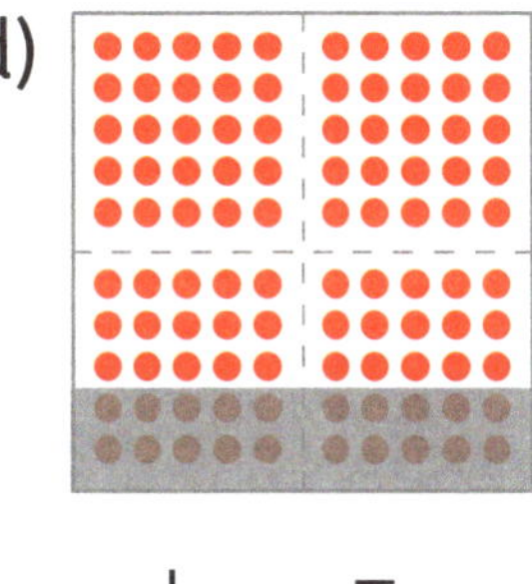

___ + ___ = ___

e) 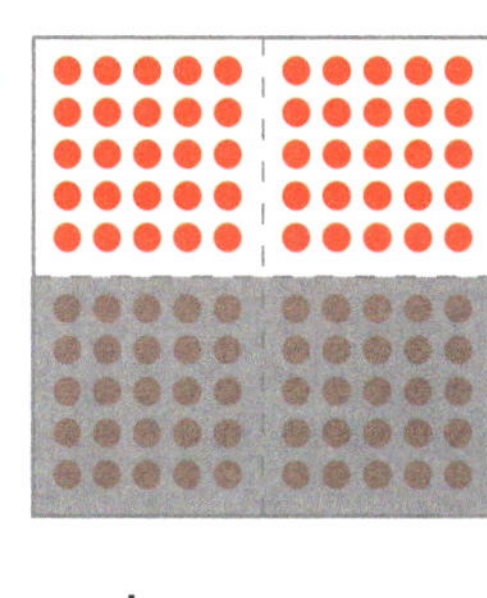

___ + ___ = ___

f) 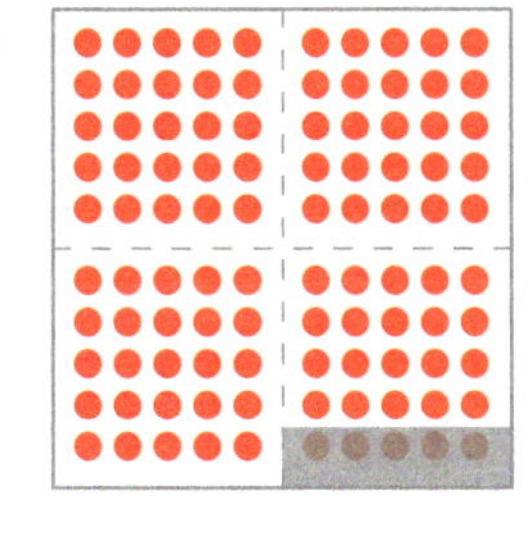

___ + ___ = ___

g) 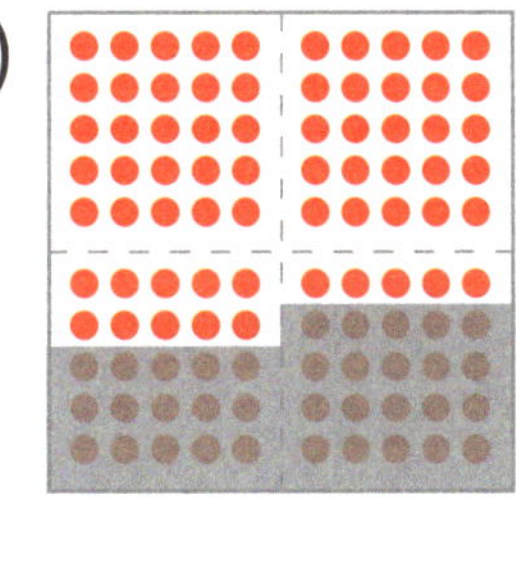

___ + ___ = ___

h) 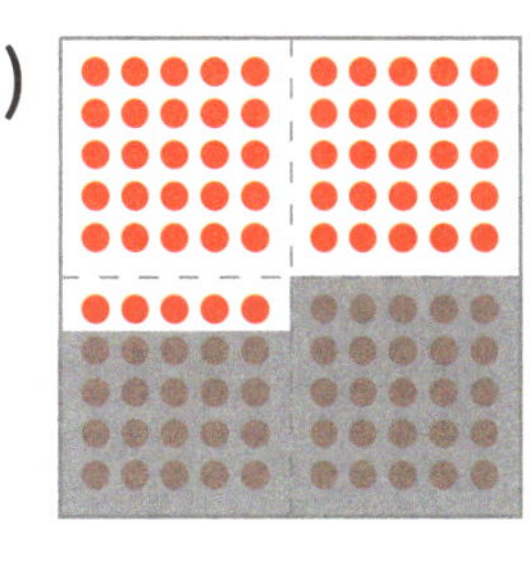

___ + ___ = ___

i) 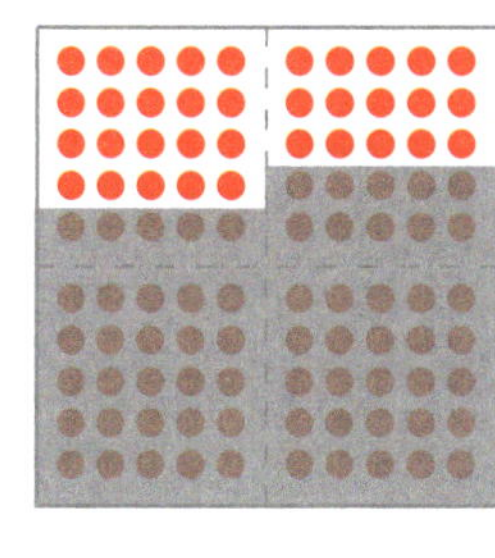

___ + ___ = ___

j) 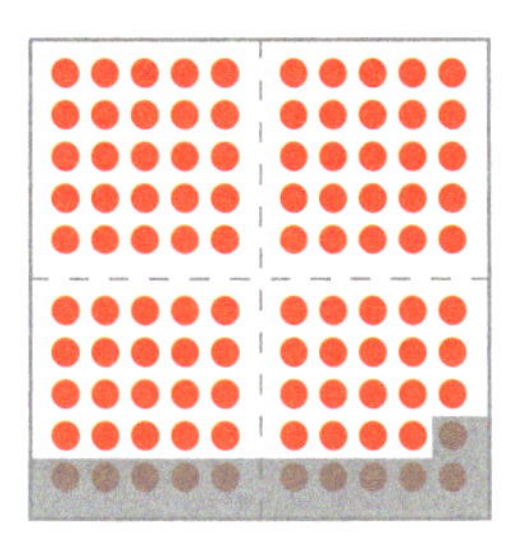

___ + ___ = ___

k) 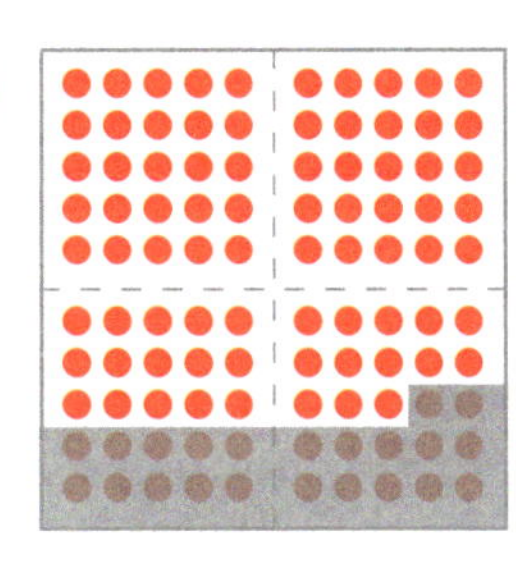

___ + ___ = ___

l) 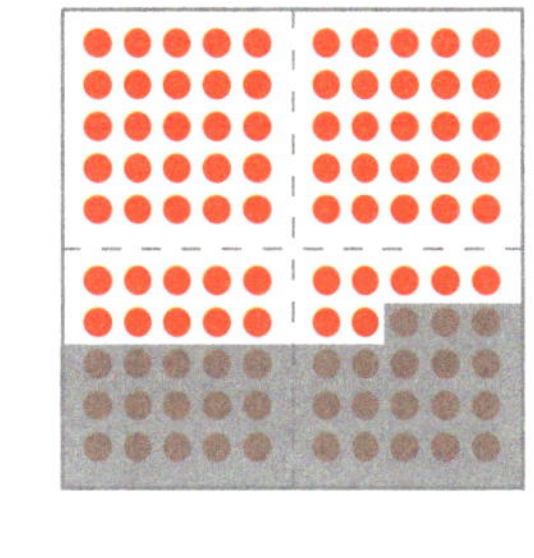

___ + ___ = ___

m) 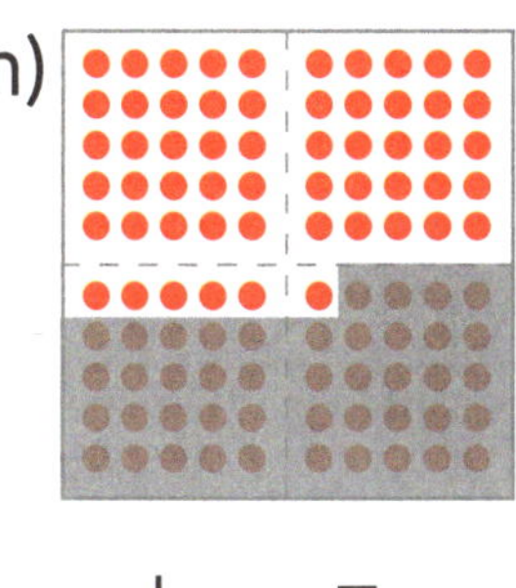

___ + ___ = ___

2

40 + ___ = 100	100 + ___ = 100	10 + ___ = 100	95 + ___ = 100
50 + ___ = 100	90 + ___ = 100	20 + ___ = 100	90 + ___ = 100
60 + ___ = 100	80 + ___ = 100	30 + ___ = 100	85 + ___ = 100

Der Zahlenstrahl bis 100

1 Verbinde. 

15   30   42   77   91

0   10   20   30   40   50   60   70   80   90   100

8   24   49   68   83   100

2

a) 9, 10   b) 20, ____   c) 54, ____   d) 61, ____

29, ____   40, ____   65, ____   16, ____

3 Nachbarzahlen. Vorgänger.

a) _8_ , 9   b) ____ , 34   c) ____ , 71   d) ____ , 20

____ , 29   ____ , 45   ____ , 17   ____ , 40

4 Nachbarzahlen. Vorgänger und Nachfolger.

a) $36 - 1 =$ ____   b) $25 - 1 =$ ____   c) $49 - 1 =$ ____   d) $70 - 1 =$ ____

$36 + 1 =$ ____ $25 + 1 =$ ____ $49 + 1 =$ ____ $70 + 1 =$ ____

5 Zurück zum Nachbarzehner.

$34 - 4 = 30$ $51 -$ ____ $= 50$ $17 -$ ____ $= 10$ $74 -$ ____ $=$ ____

$44 -$ ____ $= 40$ $61 -$ ____ $= 60$ $28 -$ ____ $= 20$ $55 -$ ____ $=$ ____

6 Vorwärts zum Nachbarzehner.

$19 +$ ____ $= 20$ $25 +$ ____ $= 30$ $80 +$ ____ $= 90$ $87 +$ ____ $= 90$

$39 +$ ____ $= 40$ $45 +$ ____ $= 50$ $90 +$ ____ $= 100$ $77 +$ ____ $= 80$

1–6 Aufgaben mithilfe des Zahlenstrahls bis 100 lösen.
→ Schulbuch, Seiten 32/33

Der Rechenstrich

1 Trage die Zahlen ungefähr ein.

a)

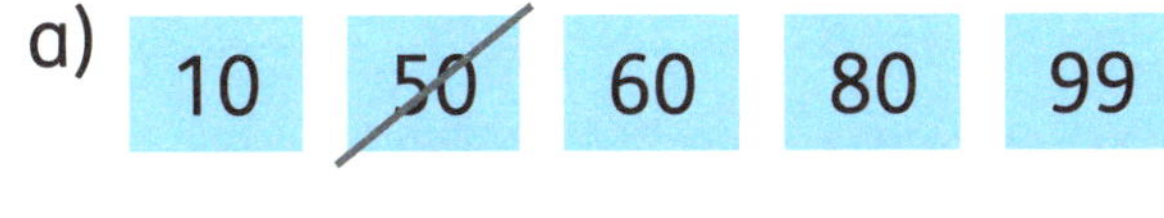

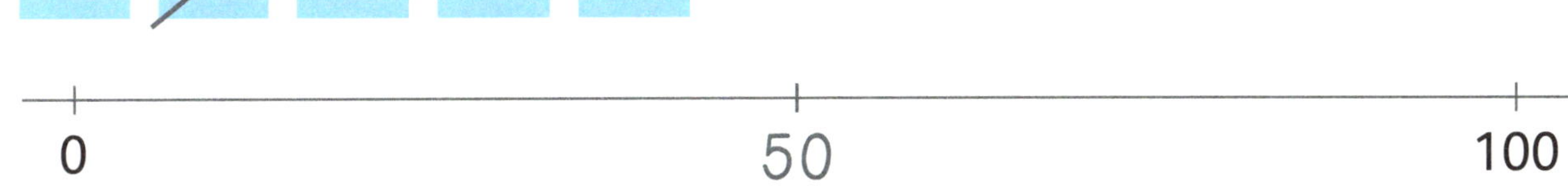

b)

c)

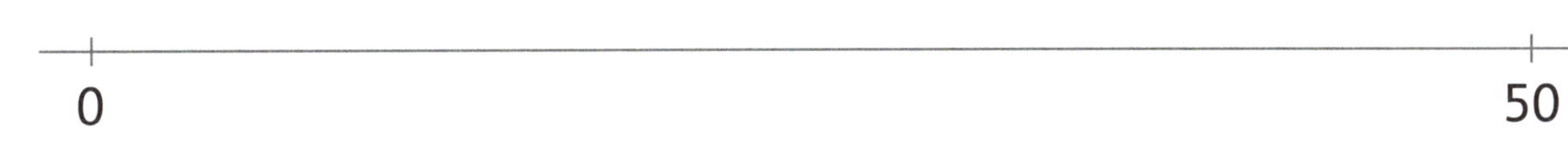

d)

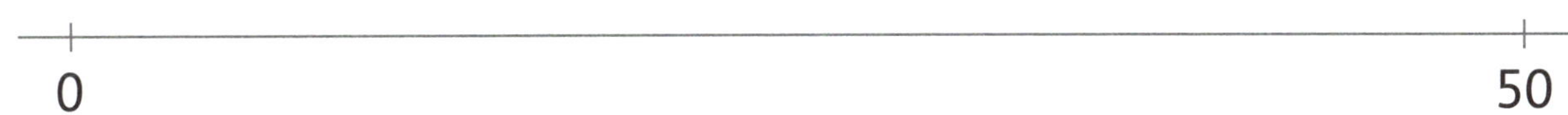

2 Ergänze bis 100.

a) $45 +$ _____ $= 100$

b) $55 +$ _____ $= 100$

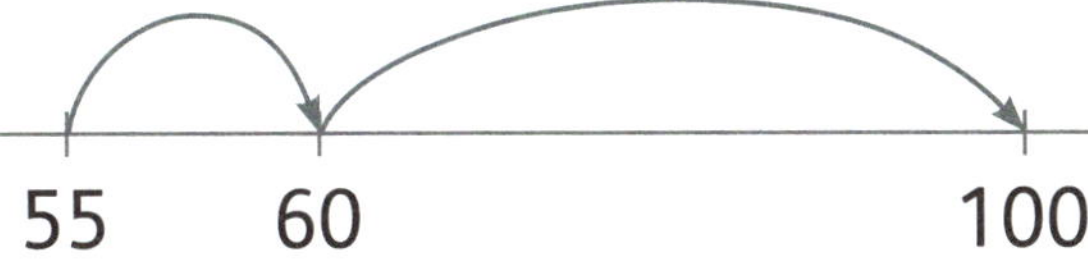

c) $78 +$ _____ $= 100$

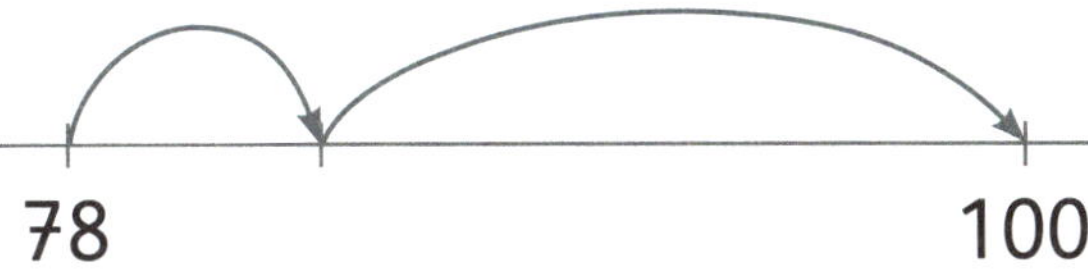

d) $88 +$ _____ $= 100$

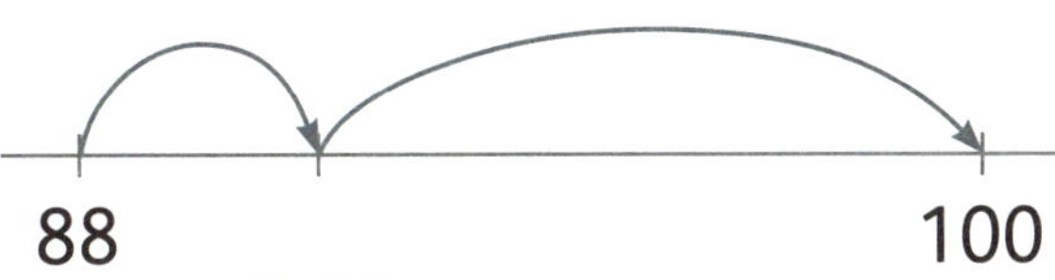

Die Hundertertafel

1 a) Male an.

Alle Zahlen, mit …

■ Einer = 5

■ Einer = 1

■ Zehner = 5

■ Zehner = 1

1	2	3	4	5	6	7	8	9	10
11	12	13	14	15	16	17	18	19	20
21	22	23	24	25	26	27	28	29	30
31	32	33	34	35	36	37	38	39	40
41	42	43	44	45	46	47	48	49	50
51	52	53	54	55	56	57	58	59	60
61	62	63	64	65	66	67	68	69	70
71	72	73	74	75	76	77	78	79	80
81	82	83	84	85	86	87	88	89	90
91	92	93	94	95	96	97	98	99	100

b) Schreibe die markierten Zahlen hier auf.

2 Zeige und setze fort.

a)

31	32	33							

b)

60	59	58							

c)

2	12	22							

d)

100	90	80							

1, 2 Vorgegebene Zahlen in der Hundertertafel farbig markieren und notieren, Muster und operative Veränderungen (+10/−10 oder +1/−1).
→ Schulbuch, Seite 36

1 Wie viele? Zeichne und schreibe.

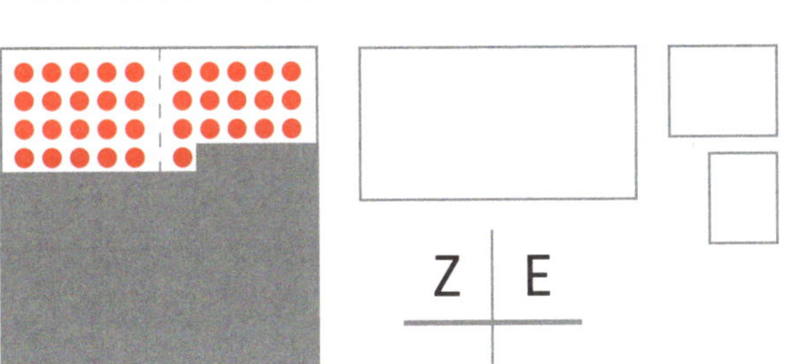

Z | E

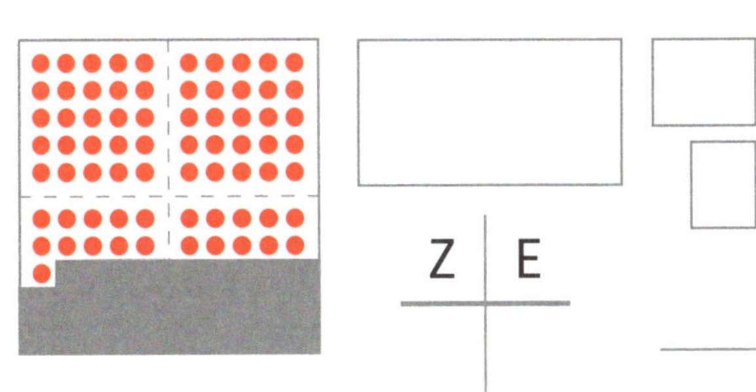

Z | E

2 Nachbarzahlen.

24 − 1 = ____	42 − 1 = ____	66 − 1 = ____	80 − 1 = ____
24 + 1 = ____	42 + 1 = ____	66 + 1 = ____	80 + 1 = ____

3 Trage die Zahlen am Rechenstrich ein.

5	10	50	65	99

0   100

4 Ergänze bis 100.

40 + ____ = 100

40   100

5 Welche Körper? Verbinde.

Kugel   Zylinder   Würfel

6 Zeichne den Bauplan.

Einfache Plusaufgaben

1 Mit Zehnern plus rechnen. Zeichne und rechne.

a) 32 + 10 = ____   32 + 20 = ____   32 + 30 = ____

 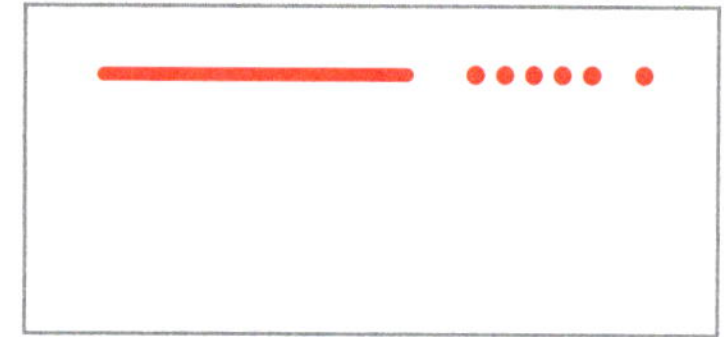 

b) 6 + 30 = ____   16 + 30 = ____   26 + 30 = ____

2

45 + 10 = ____	57 + 10 = ____	30 + 7 = ____	5 + 50 = ____
45 + 20 = ____	57 + 30 = ____	30 + 37 = ____	14 + 50 = ____
45 + 30 = ____	57 + 40 = ____	30 + 47 = ____	23 + 50 = ____

3 Mit Einern plus rechnen. Zeichne und rechne.

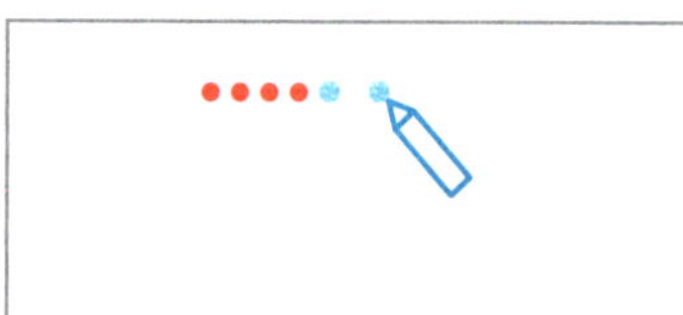  

a) 4 + 2 = ____   34 + 2 = ____   64 + 2 = ____

b) 5 + 3 = ____   25 + 3 = ____   45 + 3 = ____

4

7 + 2 = ____	6 + 3 = ____	1 + 8 = ____	5 + 7 = ____
17 + 2 = ____	46 + 3 = ____	31 + 8 = ____	55 + 7 = ____
27 + 2 = ____	76 + 3 = ____	41 + 8 = ____	75 + 7 = ____

1–4 Einfache Plusaufgaben rechnen.
→ Schulbuch, Seiten 42/43

Schwierige Plusaufgaben

 **1** Verdopple. Lege und rechne.

31
$$30 + 30 = 60$$
$$1 + 1 = 2$$
$$31 + 31 =$$

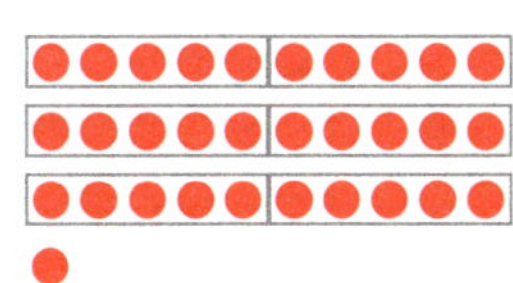 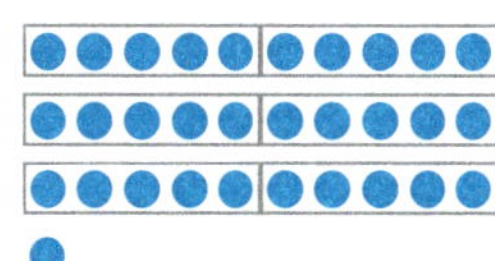

41
$$40 + 40 =$$
$$1 + 1 =$$

23

16

2 **Zehner und Einer extra**. Zeichne, rechne und beschreibe.

34 + 25

$$34 + 25 = 50 + 9 =$$
$$30 + 20$$
$$4 + 5$$

33 + 42

$$33 + 42 =$$

12 + 51

$$12 + 51 =$$

26 + 44

$$26 + 44 =$$

3

$5 + 5 =$	$4 + 4 =$	$7 + 7 =$	$6 + 6 =$
$15 + 15 =$	$14 + 14 =$	$37 + 37 =$	$26 + 26 =$

1–3 Additionsaufgaben mit der Strategie ‚Zehner, Einer extra' rechnen. **1** Verdopplungsaufgabe legen, Stellenwerte geschickt zusammenrechnen. **2** Zahlenbild zeichnen, Rechnungen notieren, beschreiben und mit einem Partnerkind vergleichen.
3 Aufgaben ggf. mit Material legen, beschreiben und zunehmend mental lösen.

→ Schulbuch, Seiten 44/45

Schwierige Plusaufgaben

1 **In Schritten vorwärts**. Zeichne, rechne und beschreibe.

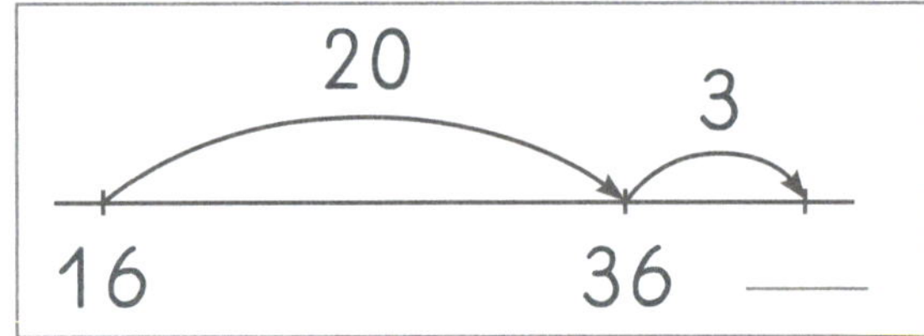

16 + 23

$16 + 23 =$
$16 + 20 = 36$
$36 + 3 =$

44 + 15

$44 + 15 =$

19 + 31

$19 + 31 =$

25 + 47

$25 + 47 =$

64 + 17

$64 + 17 =$

2

$3 + 6 =$ ___	$5 + 4 =$ ___	$7 + 7 =$ ___	$5 + 6 =$ ___
$3 + 16 =$ ___	$5 + 44 =$ ___	$7 + 37 =$ ___	$25 + 6 =$ ___

3

$23 + 30 =$ ___	$17 + 50 =$ ___	$24 + 6 =$ ___	$48 + 2 =$ ___
$23 + 36 =$ ___	$17 + 51 =$ ___	$24 + 26 =$ ___	$48 + 52 =$ ___

1 Additionsaufgaben mit der Strategie ‚In Schritten vorwärts' rechnen, den zweiten Summanden geschickt zerlegen, Rechenweg am Rechenstrich aufzeichnen und/oder als Aufgaben notieren. **2,3** Aufgaben vergleichen und die 2. Aufgabe geschickt mit Bezug zur einfachen Aufgabe rechnen.

→ Schulbuch, Seiten 44/45

Rechenwege bei Plusaufgaben

1 Rechne. Die einfache Aufgabe hilft dir.

32 + 20 = ____ 45 + 20 = ____ 14 + 20 = ____ 53 + 30 = ____

32 + 21 = ____ 45 + 19 = ____ 14 + 19 = ____ 53 + 29 = ____

2 **Hilfsaufgabe.** Rechne am Rechenstrich. Beschreibe.

a) 17 + 49 = ____

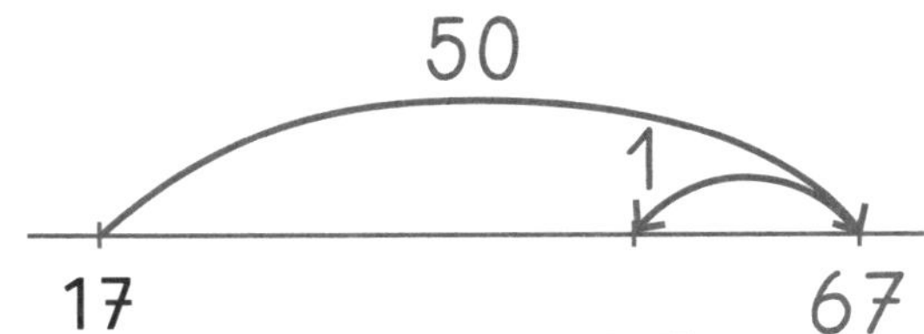

b) 24 + 19 = ____

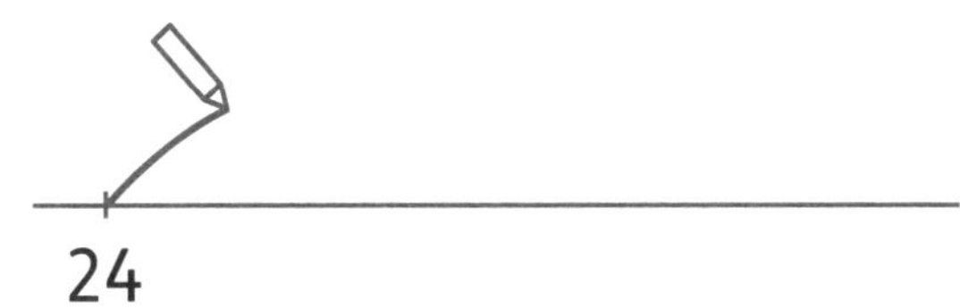

c) 36 + 29 = ____

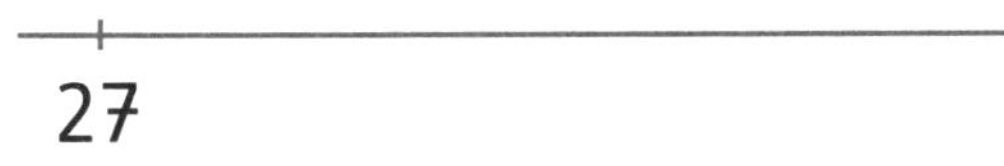

d) 13 + 39 = ____

e) 27 + 58 = ____

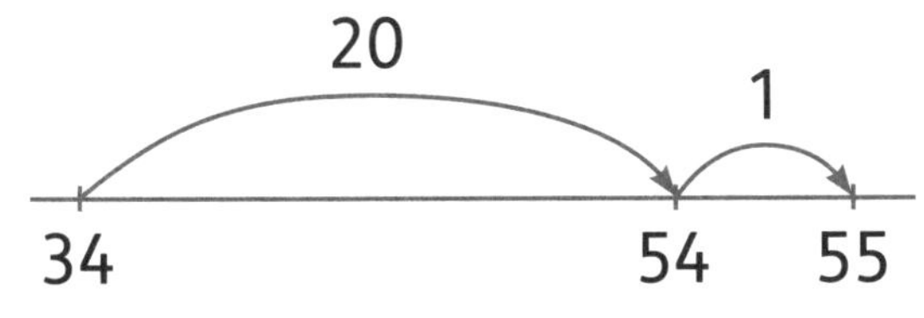

f) 35 + 28 = ____

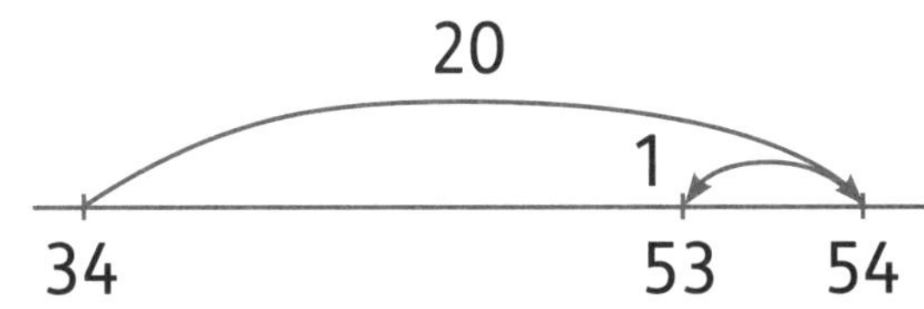

3 Welche Plusaufgabe wurde gerechnet?

a) ____ + ____ = ____

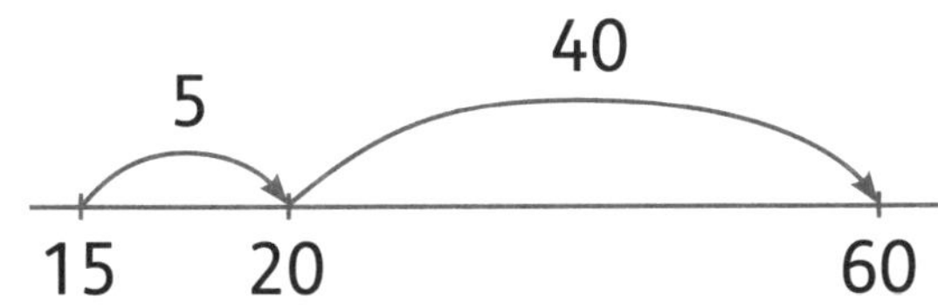

b) ____ + ____ = ____

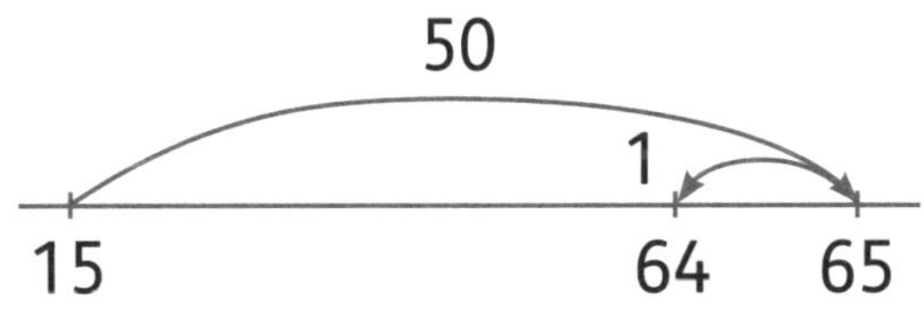

c) ____ + ____ = ____

d) ____ + ____ = ____

Gemischte Übungen

1 Halbieren. Lege und rechne.

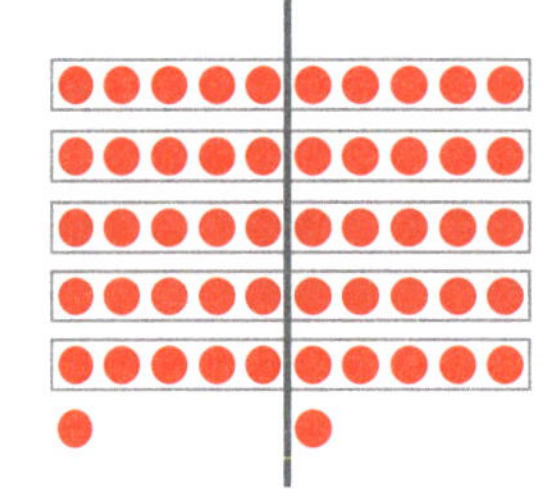

52

$$50 = 25 + 25$$
$$2 = 1 + 1$$
$$52 =$$

46 ___ = ___ + ___   66 ___ = ___ + ___   38 ___ = ___ + ___

___ = ___ + ___   ___ = ___ + ___   ___ = ___ + ___

___ = ___ + ___   ___ = ___ + ___   ___ = ___ + ___

2 Wie rechnest du? Schreibe oder zeichne deinen Rechenweg.

a) $53 + 25 =$

b) $26 + 19 =$

c) $16 + 54 =$

d) $52 + 18 =$

3 Schöne Päckchen. Rechne und setze fort. Was fällt dir auf?

$32 + 6 =$ ___	$44 + 2 =$ ___	$52 + 4 =$ ___	$61 + 5 =$ ___
$32 + 7 =$ ___	$44 + 4 =$ ___	$54 + 4 =$ ___	$63 + 5 =$ ___
$32 + 8 =$ ___	$44 + 6 =$ ___	$56 + 4 =$ ___	$65 + 5 =$ ___

1 Halbierungsaufgaben legen und rechnen, ggf. Geldmünzen und Scheine thematisieren und Halbierungsaufgaben mit Rechengeld lösen lassen. **2** Additionsaufgaben auf eigenen Wegen lösen. **3** Muster erkennen und mit Forschermitteln (Farben, Pfeile) markieren und fortsetzen.

→ Schulbuch, Seiten 48/49

1 Vergleiche die Zahlenmauern. Setze fort.

Was fällt dir auf? Markiere.

a)

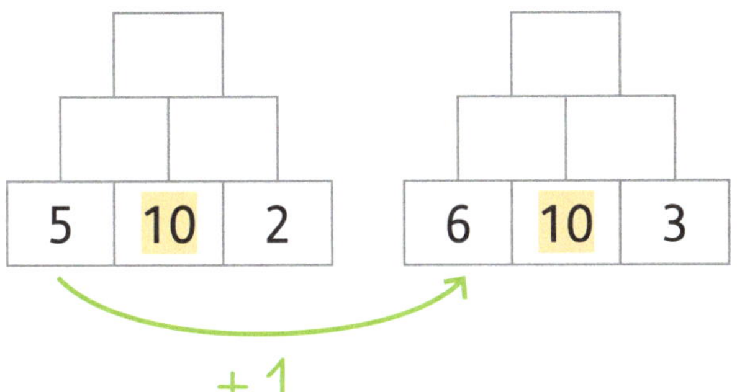
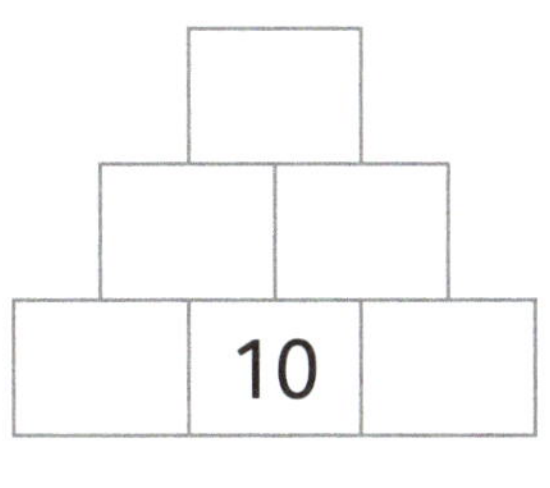

b)

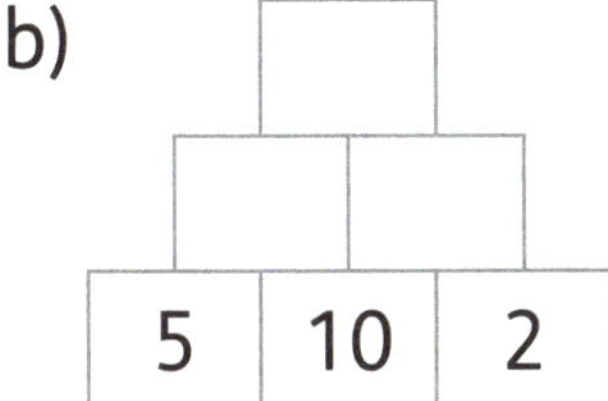
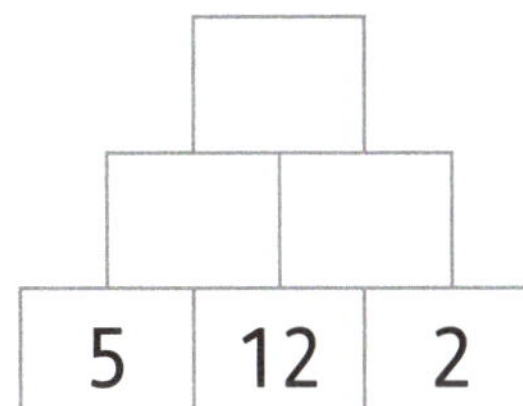
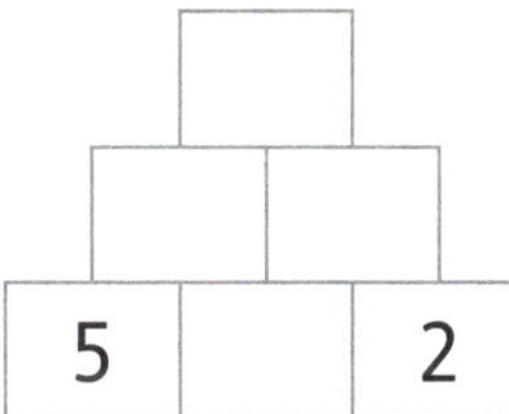

c)

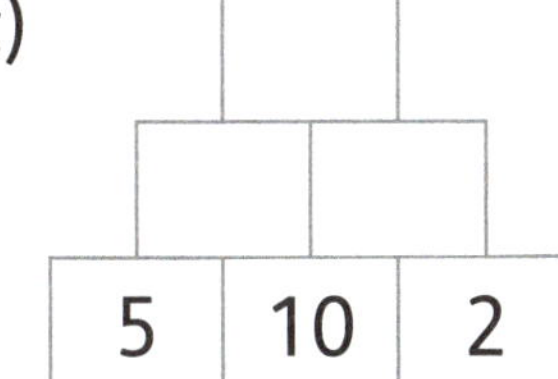
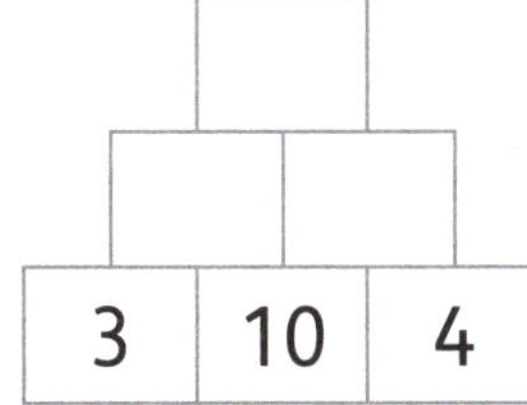
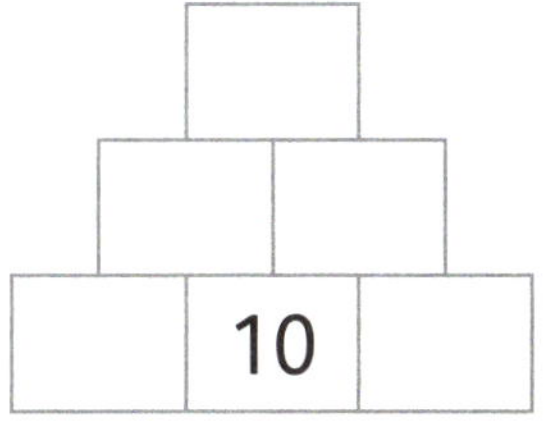

2 Finde Zahlenmauern mit den 6 Zahlen.

a)

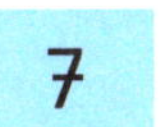

b)

c)

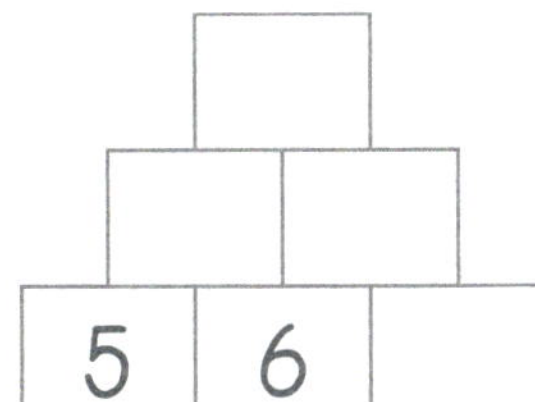
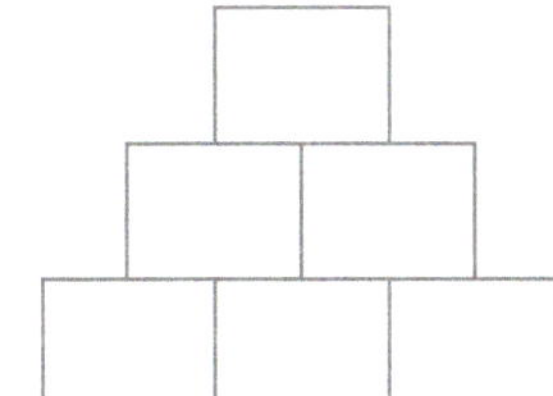

1, 2 Strukturen zwischen Grundsteinen und Decksteinen der Zahlenmauern wiederholen und vertiefen. Forschermittel, wie Farben und Pfeile, einsetzen.

→ Schulbuch, Seiten 48/49

Einfache Minusaufgaben

1 Mit Zehnern minus rechnen. Zeichne und rechne.

a)

31 − 20 = ____

42 − 20 = ____

53 − 20 = ____

b)

45 − 20 = ____   47 − 30 = ____   49 − 40 = ____

2

53 − 10 = ____	21 − 20 = ____	61 − 60 = ____	99 − 30 = ____
54 − 10 = ____	32 − 20 = ____	61 − 50 = ____	99 − 50 = ____
55 − 10 = ____	43 − 20 = ____	61 − 40 = ____	99 − 70 = ____
56 − 10 = ____	54 − 20 = ____	61 − 30 = ____	99 − 90 = ____

3 Mit Einern minus rechnen. Zeichne und rechne.

a)

31 − 3 = ____   33 − 4 = ____   35 − 5 = ____

b)

56 − 6 = ____   56 − 7 = ____   56 − 8 = ____

4

16 − 3 = ____	45 − 4 = ____	47 − 5 = ____	64 − 1 = ____
36 − 3 = ____	56 − 4 = ____	47 − 7 = ____	64 − 3 = ____
56 − 3 = ____	67 − 4 = ____	47 − 9 = ____	64 − 5 = ____
76 − 3 = ____	78 − 4 = ____	47 − 11 = ____	64 − 7 = ____

1–4 Einfache Minusaufgaben rechnen.
→ Schulbuch, Seiten 50/51

Schwierige Minusaufgaben

1 **Zehner und Einer extra**. Zeichne, rechne und beschreibe.

$34 - 25 =$ ________
$30 - 20$ ________
____

$35 - 24 =$ ________
____
____

$62 - 42 =$ ________
____
____

$62 - 24 =$ ________
____
____

2 **In Schritten zurück**. Rechne und zeichne am Rechenstrich.

$53 - 25 =$ ____

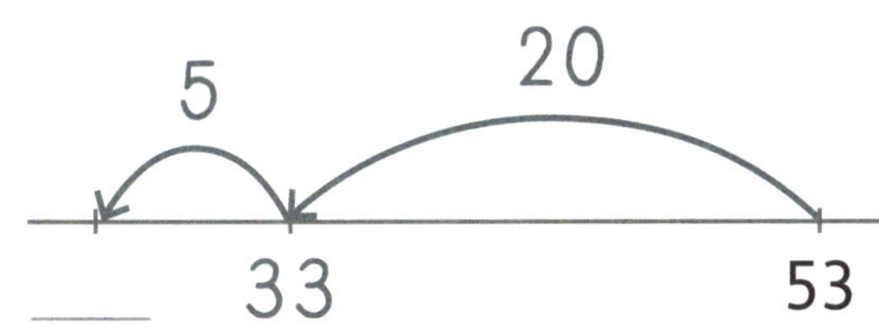

$53 - 45 =$ ____

$71 - 34 =$ ____

$71 - 54 =$ ____

$49 - 17 =$ ____

$89 - 17 =$ ____

3

$80 - 8 =$ ____	$37 - 5 =$ ____	$28 - 7 =$ ____	$35 - 6 =$ ____
$80 - 18 =$ ____	$37 - 15 =$ ____	$24 - 7 =$ ____	$54 - 6 =$ ____
$80 - 28 =$ ____	$37 - 35 =$ ____	$22 - 7 =$ ____	$73 - 6 =$ ____

Rechenwege bei Minusaufgaben

1 **Ergänzen**. Rechne wie Esra oder wie Anton.

$46 +$ ____ $= 62$

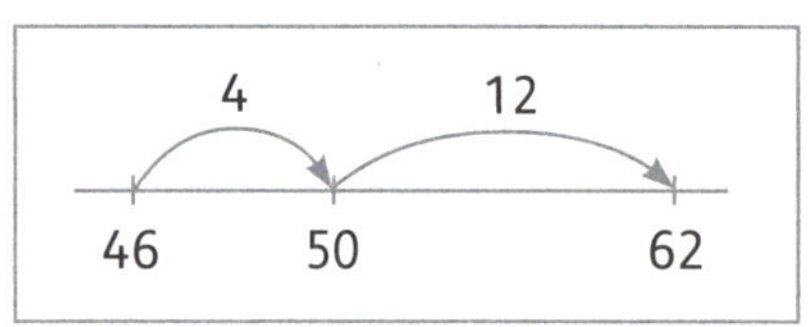

Esra

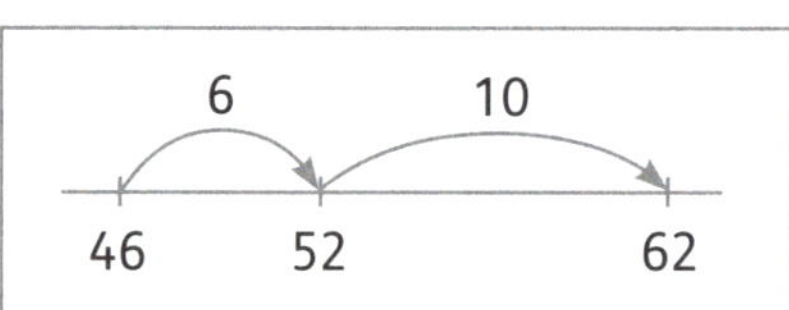

Anton

$36 +$ ____ $= 62$

$56 +$ ____ $= 72$

36   62   56   72

$27 +$ ____ $= 40$

$67 +$ ____ $= 90$

27   40   67   90

$52 +$ ____ $= 80$

$32 +$ ____ $= 60$

52   80   32   60

2

$79 +$ ____ $= 80$	$44 +$ ____ $= 50$	$36 +$ ____ $= 50$	$81 +$ ____ $= 90$
$79 +$ ____ $= 82$	$44 +$ ____ $= 55$	$36 +$ ____ $= 54$	$81 +$ ____ $= 92$
$20 +$ ____ $= 70$	$32 +$ ____ $= 62$	$54 +$ ____ $= 68$	$13 +$ ____ $= 82$
$22 +$ ____ $= 77$	$34 +$ ____ $= 64$	$44 +$ ____ $= 58$	$13 +$ ____ $= 84$

1 Ergänzen am Rechenstrich. **2** Aufgabenpaare vergleichen, Beziehungen zum Lösen nutzen.
→ Schulbuch, Seiten 54/55

1 **Hilfsaufgabe**. Rechne und zeichne am Rechenstrich.

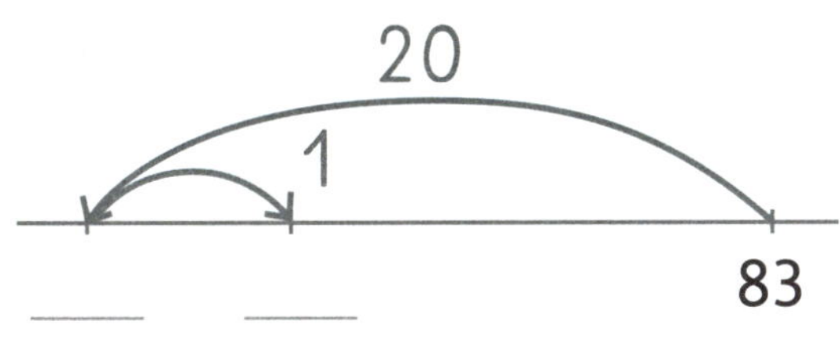

83 − 19 = ____

45 − 19 = ____

74 − 19 = ____

63 − 29 = ____

56 − 29 = ____

54 − 18 = ____

42 − 18 = ____

2 Rechne. Die einfache Aufgabe hilft dir.

66 − 20 = ____	53 − 20 = ____	71 − 10 = ____	92 − 10 = ____
66 − 21 = ____	53 − 23 = ____	71 − 9 = ____	92 − 9 = ____

3 Schöne Päckchen. Setze fort. Markiere.

15 − 5 = ____	37 − 6 = ____	42 − 2 = ____	64 − 1 = ____
15 − 6 = ____	37 − 7 = ____	42 − 3 = ____	64 − 3 = ____

Gemischte Übungen

*** 1** Wie rechnest du?

Schreibe deinen Rechenweg oder zeichne am Rechenstrich.

a)
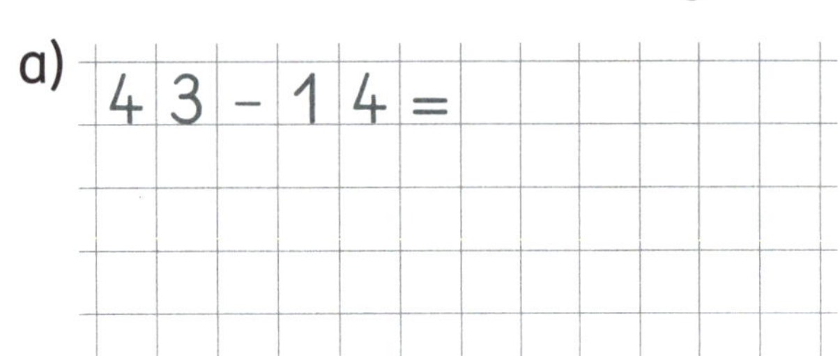

b)
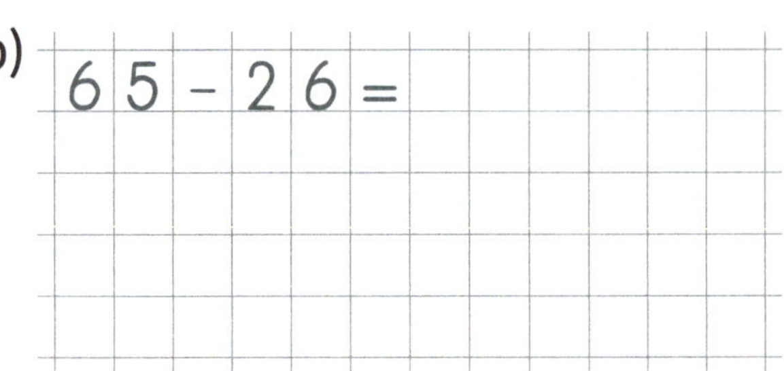

c)
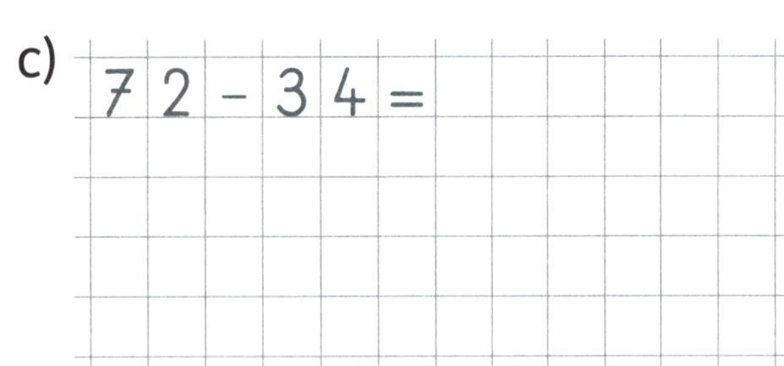

d)
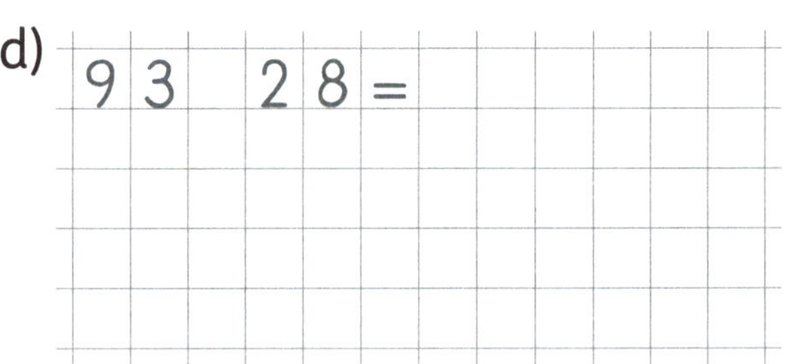

e)
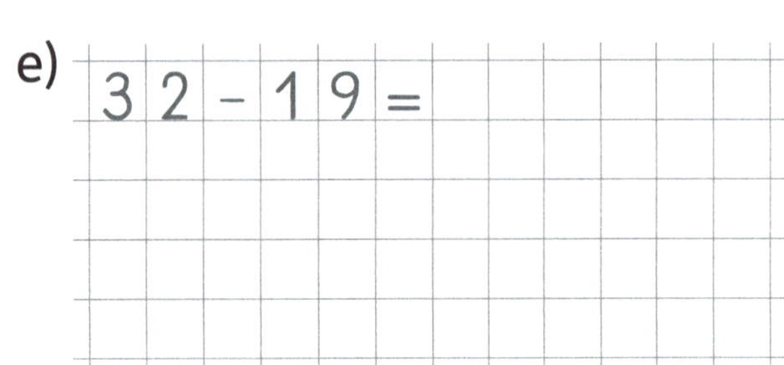

f)
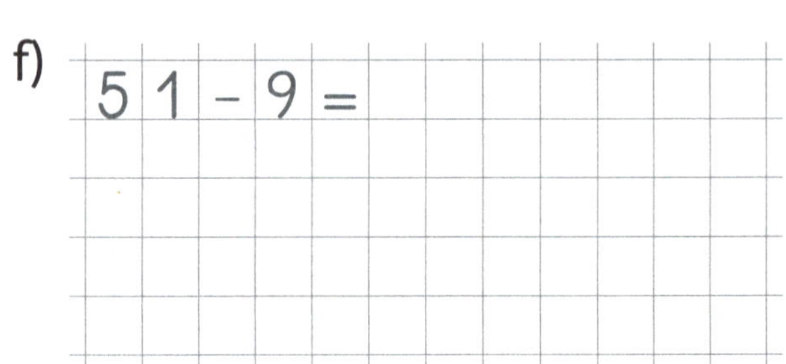

2 Welche Minusaufgabe wurde gerechnet?

a) $63 - 27 = 36$

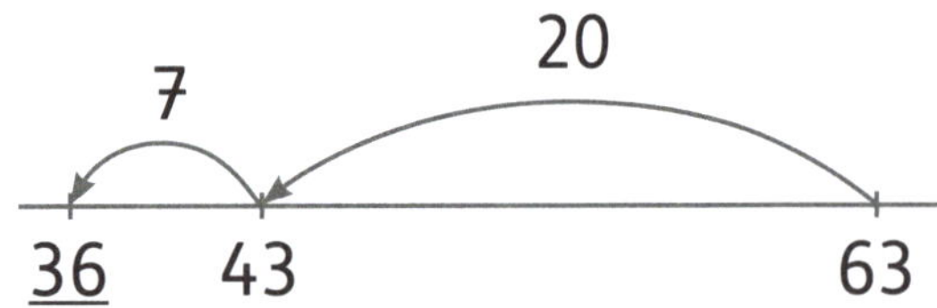

b) _____ – _____ = _____

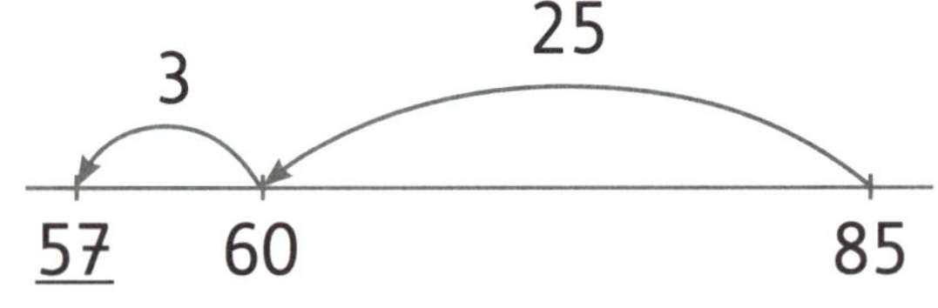

c) _____ – _____ = _____

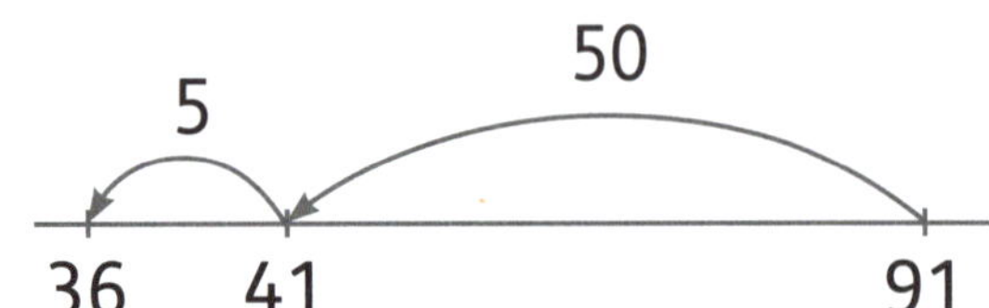

d) _____ – _____ = _____

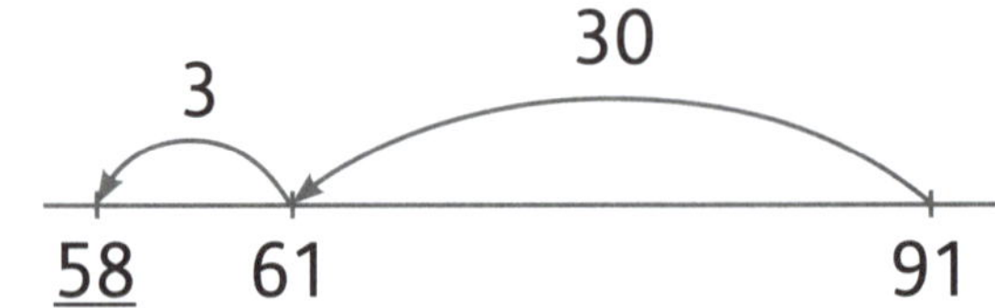

1 Rechenweg in Bezug zu den Zahlen bewusst auswählen.   2 Aufgaben zu Darstellungen am Rechenstrich finden.
→ Schulbuch, Seite 56

Forschen und Finden: Schöne Päckchen

1 Schöne Päckchen mit Plusaufgaben. Setze fort.

Was fällt dir auf? Markiere.

17 + 3 = ___	9 + 4 = ___	12 + 6 = ___	20 + 10 = ___
18 + 4 = ___	10 + 5 = ___	13 + 7 = ___	19 + 11 = ___
19 + 5 = ___	11 + 6 = ___	14 + 8 = ___	18 + 12 = ___

Ordne zu:

> Wenn beide Zahlen um 1 größer werden, wird das Ergebnis um 2 größer.

> Wenn eine Zahl um 1 kleiner wird und die andere Zahl um 1 größer, bleibt das Ergebnis gleich.

2 Schöne Päckchen mit Plusaufgaben. Setze fort.

Was fällt dir auf? Markiere.

25 − 3 = ___	38 − 2 = ___	28 − 1 = ___	15 − 10 = ___
26 − 3 = ___	38 − 4 = ___	27 − 3 = ___	16 − 12 = ___
27 − 3 = ___	38 − 6 = ___	26 − 5 = ___	17 − 14 = ___

3 Schöne Päckchen. Wie kann es weitergehen?

Das Ergebnis bleibt gleich.	Das Ergebnis wird um 2 größer.	Das Ergebnis wird um 1 größer.
30 + 20 = 50	25 + 5 = 30	18 − 3 = 15
___ + ___ = 50	___ + ___ = 32	___ − ___ = 16
___ + ___ = 50	___ + ___ = 34	___ − ___ = 17
___ + ___ = 50	___ + ___ = 36	___ − ___ = 18

Rückblick

1 Einfache Plusaufgaben. 

a) 13 + 10 = ____   b) 46 + 20 = ____   c) 36 + 4 = ____

42 + 10 = ____   46 + 30 = ____   66 + 4 = ____

2 Wie rechnest du? 

a) 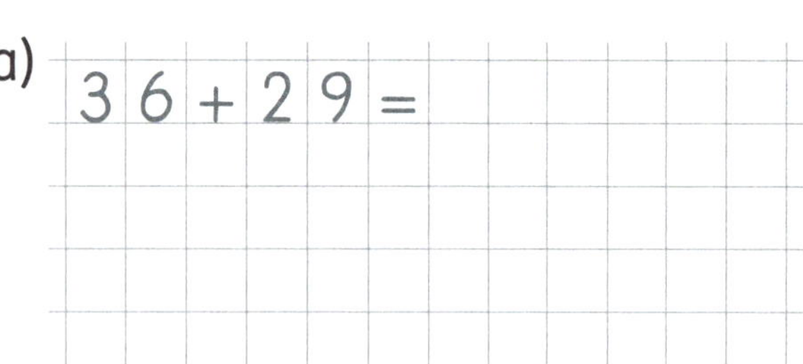

b) 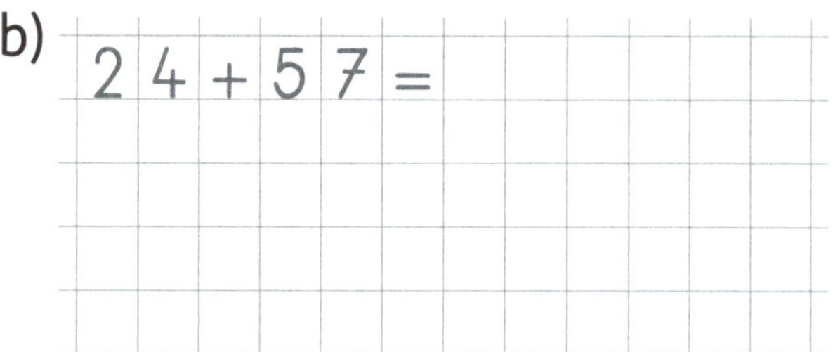

3 Einfache Minusaufgaben. 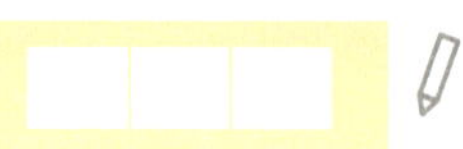

a) 86 − 30 = ____   b) 94 − 50 = ____   c) 87 − 6 = ____

86 − 60 = ____   94 − 40 = ____   87 − 7 = ____

4 Wie rechnest du? 

a) 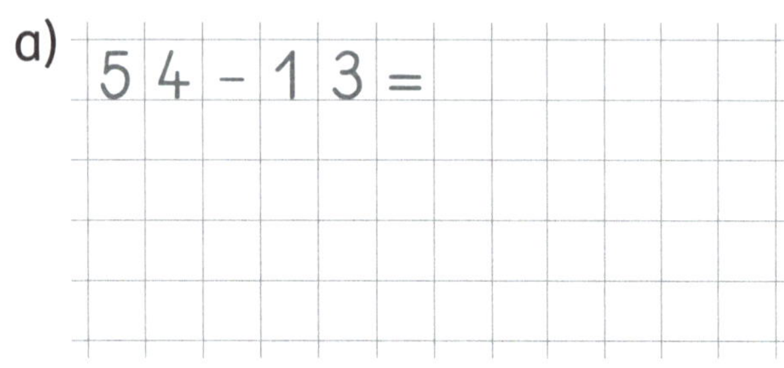

b) 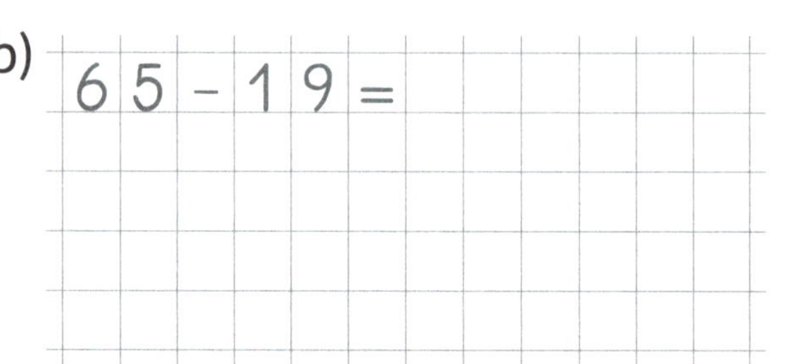

5 Zeichne Strecken. 

a) 1 cm   b) 3 cm

Wesentliche Inhalte des Kapitels noch einmal reflektieren, die eigenen Kompetenzen einschätzen.
→ Schulbuch, Seiten 58/59

Geldwerte

1 Wie viel Geld ist es?

50 € Schein, 5 € Schein	_____ €
20 € Schein, 20 € Schein, 20 € Schein, 2 € Münze	_____ €
10 € Schein, 5 € Schein, 2 € Münze	_____ €
50 ct Münze, 1 ct Münze	_____ ct
20 ct Münze, 5 ct Münze, 2 ct Münze	_____ ct
50 ct Münze, 10 ct Münze, 20 ct Münze, 10 ct Münze	_____ ct

10 € Schein, 50 ct Münze	_____ € _____ ct
2 € Münze, 2 € Münze, 2 € Münze, 20 ct Münze	_____ € _____ ct
10 € Schein, 1 € Münze, 5 ct Münze	_____ € _____ ct
20 € Schein, 10 € Schein, 2 ct Münze	_____ € _____ ct
50 € Schein, 10 € Schein, 10 ct Münze, 10 ct Münze	_____ € _____ ct
1 € Münze, 50 ct Münze, 20 ct Münze, 5 ct Münze	_____ € _____ ct

2 Lege und zeichne.

23 Euro	20	②	①
42 Euro			
54 Euro			
61 Euro			
19 Euro			

31 Cent	⑳	⑩	①
13 Cent			
25 Cent			
55 Cent			
47 Cent			

Einkaufen und Bezahlen

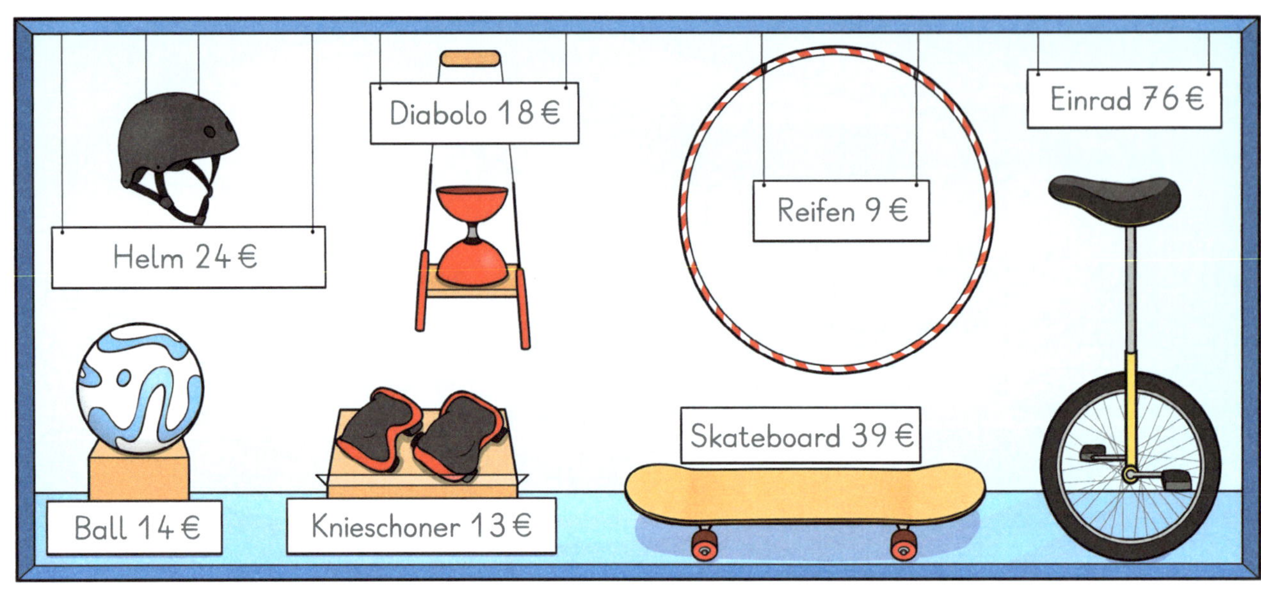

1 Bezahle passend.

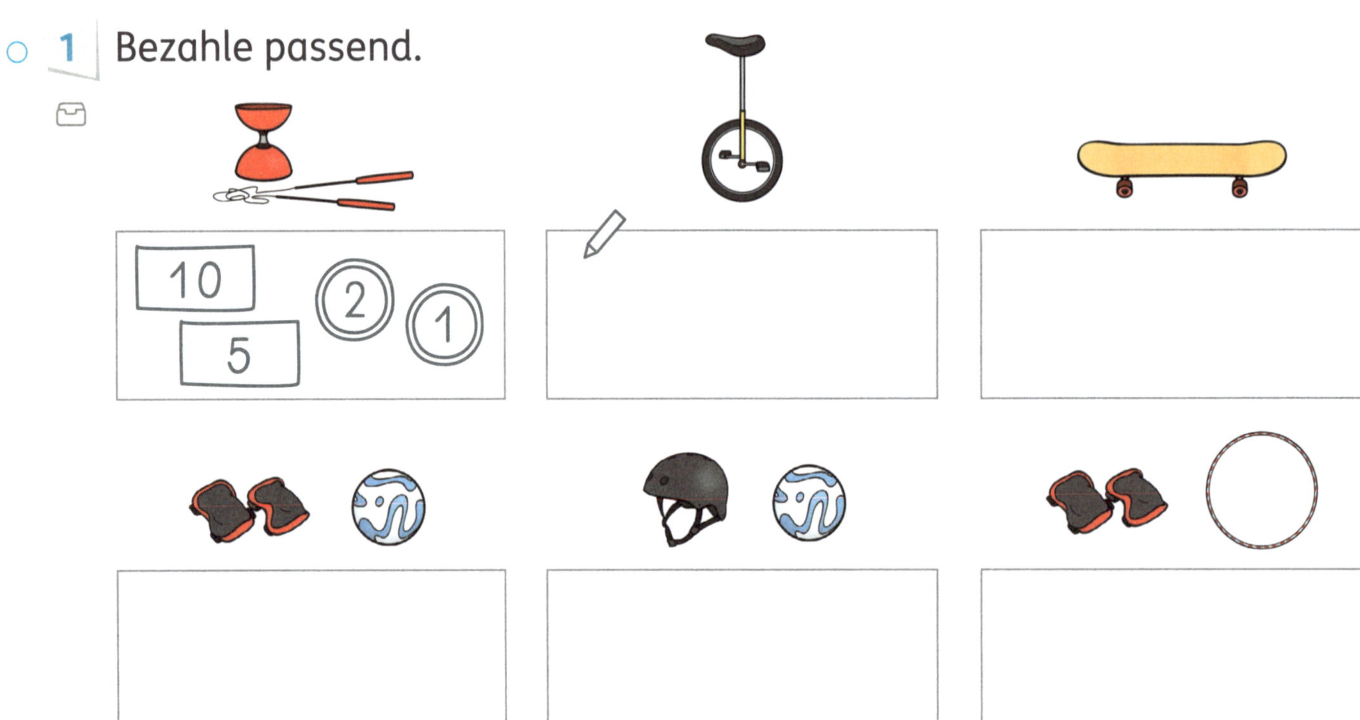

2 Berechne das Rückgeld.

Sophie kauft: Sie gibt: Sie bekommt zurück:

a) 

b) 

1 Preise berechnen, mit Rechengeld legen und aufzeichnen. 2 Rückgeld berechnen.

→ Schulbuch, Seiten 62/63

1 

2 € 50 ct + _______________

____

____

✳ 2 Mia bestellt für 9 €:

Ich bestelle:

= 9 €

3 Berechne das Rückgeld.

Anna kauft: Sie gibt: Sie bekommt zurück:

a)    

b)    

Malaufgaben in der Umwelt

○ **1** | Schreibe immer eine Plusaufgabe und eine Malaufgabe.

a) 

b) 

c) 

$3 + 3 + 3 + 3 = 12$

$4 \cdot 3 =$

d) 

e) 

f) 

g) 

h) 

i)   

1 Passende Plus- und Malaufgabe suchen und notieren.

→ Schulbuch, Seiten 66/67

Malaufgaben in der Umwelt

1 Schreibe immer eine Plusaufgabe und eine Malaufgabe.

a) 

$5 + 5 =$

$2 \cdot 5 =$

b) 

c) 

d) 

e) 

f) 

g) 

h) 

i) 

2

$3 \cdot 4 =$ _____

$2 \cdot 5 =$ _____

3 Die Aufgaben kann ich schon:

Malaufgaben in der Umwelt

1

a) **b)** **c)**

| 1 Brötchen | 2 Brötchen | 3 Brötchen | 4 Brötchen |
| _2_ Hälften | ___ Hälften | ___ Hälften | ___ Hälften |

2

a) **b)** **c)**

| 1 Apfel | 2 Äpfel | 3 Äpfel | 4 Äpfel |
| _4_ Stücke | ___ Stücke | ___ Stücke | ___ Stücke |

3

a) **b)** **c)**

| 1 Flasche | 2 Flaschen | 3 Flaschen | 4 Flaschen |
| _5_ Gläser | ___ Gläser | ___ Gläser | ___ Gläser |

4

a) **b)** **c)**

| 1 Tüte | 2 Tüten | 3 Tüten | 4 Tüten |
| _10_ Sticker | ___ Sticker | ___ Sticker | ___ Sticker |

1–4 Situationen beschreiben, Malaufgaben lösen.

→ Schulbuch, Seiten 66/67

Malaufgaben am Punktefeld

1 Malaufgaben mit dem Malwinkel. Zeige und schreibe.

a)

__1__ Vierer   ___ Vierer   ___ Vierer   ___ Vierer

$1 \cdot 4 = 4$

b)

   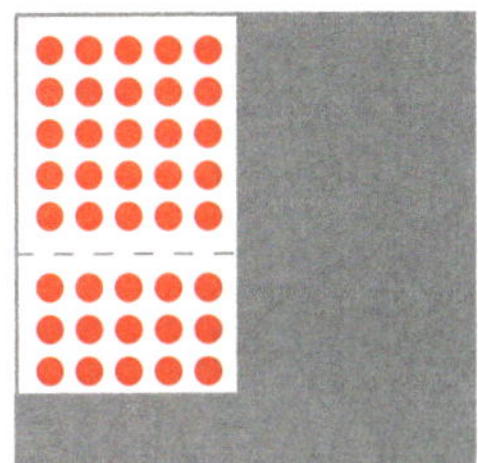

___ Fünfer   ___ Fünfer   ___ Fünfer   ___ Fünfer

c)

   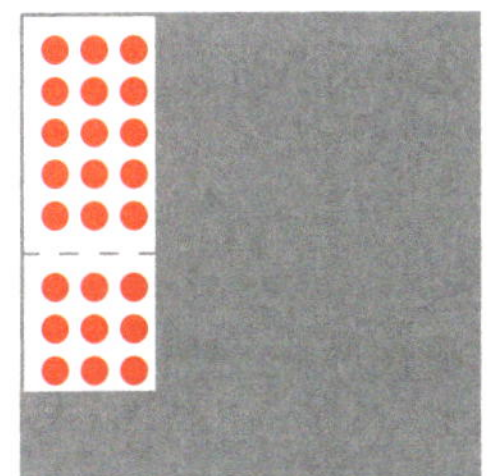

___ Dreier   ___ Dreier   ___ Dreier   ___ Dreier

d)

 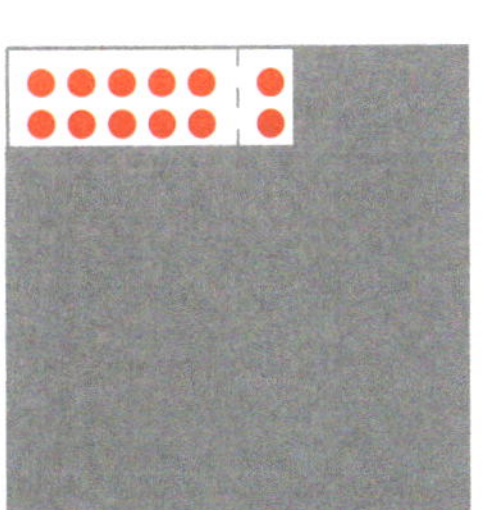  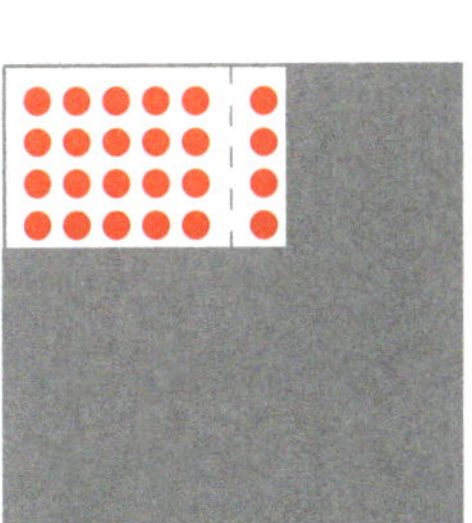

___ Sechser   ___ Sechser   ___ Sechser   ___ Sechser

1, 2 Malaufgaben mithilfe des Malwinkels am Hunderterfeld legen und den Winkel systematisch in eine Richtung verschieben, Veränderungen beschreiben und mit Blick auf die Malaufgabe deuten.

→ Schulbuch, Seiten 68/69

Tauschaufgaben und Quadrataufgaben

1 Rechne die Malaufgabe und die Tauschaufgabe.

a) 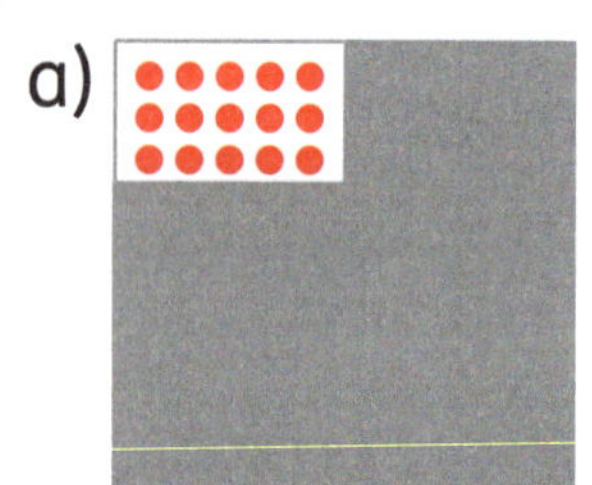 

$3 \cdot 5 =$ ______ $5 \cdot 3 =$ ______

b) 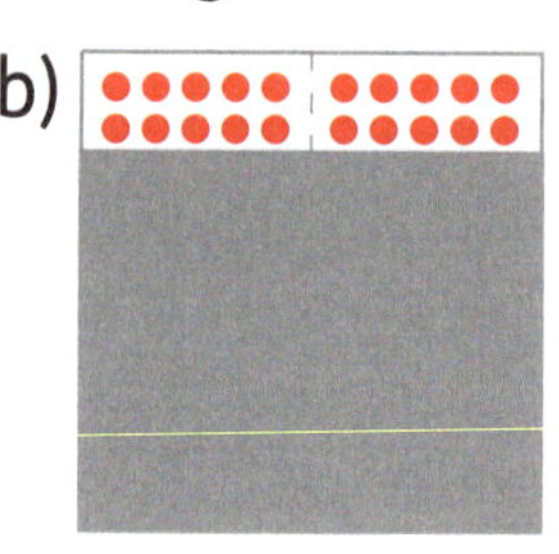 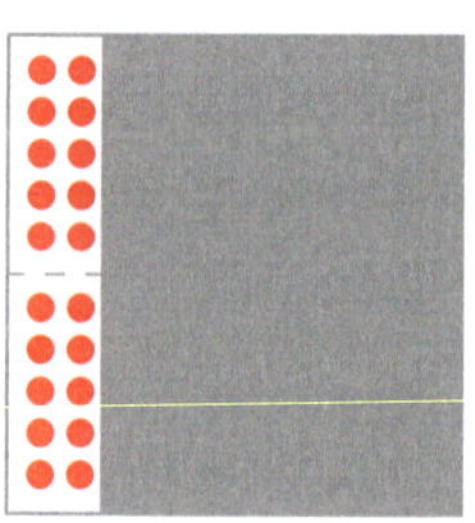

______   ______

c) 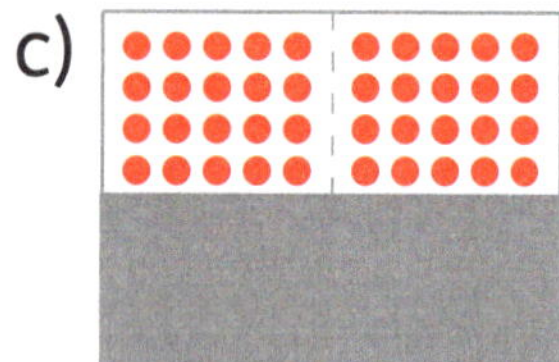 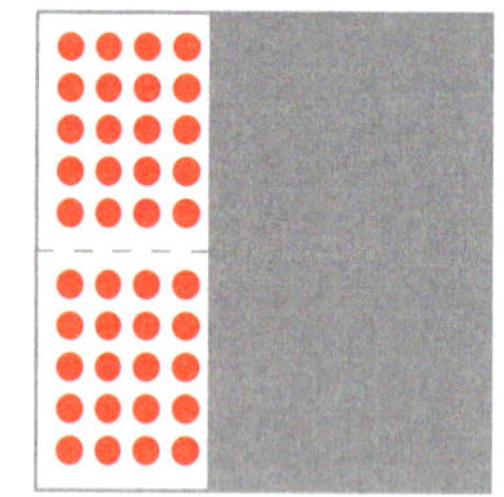

d) 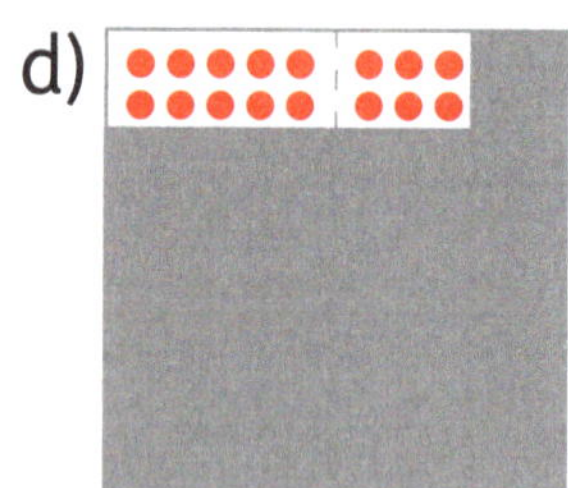 

______   ______   ______   ______

2 Aufgabe und Tauschaufgabe mit 2   mit 10 .

a) $2 \cdot 3 =$ ____   b) $2 \cdot 4 =$ ____   c) $2 \cdot 6 =$ ____   d) $2 \cdot 9 =$ ____

$3 \cdot 2 =$ ____ $4 \cdot 2 =$ ____ $6 \cdot 2 =$ ____ $9 \cdot 2 =$ ____

e) $2 \cdot 10 =$ ____   f) $5 \cdot 10 =$ ____   g) $8 \cdot 10 =$ ____   h) $7 \cdot 10 =$ ____

$10 \cdot 2 =$ ____ $10 \cdot 5 =$ ____ $10 \cdot 8 =$ ____ $10 \cdot 7 =$ ____

3 Quadrataufgaben Quadrat .

a) 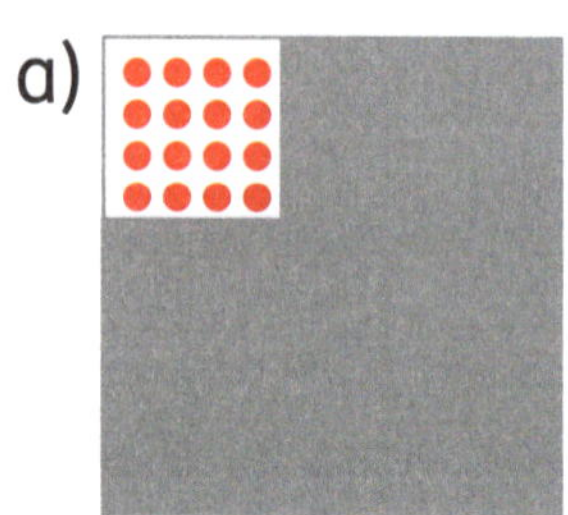   b) 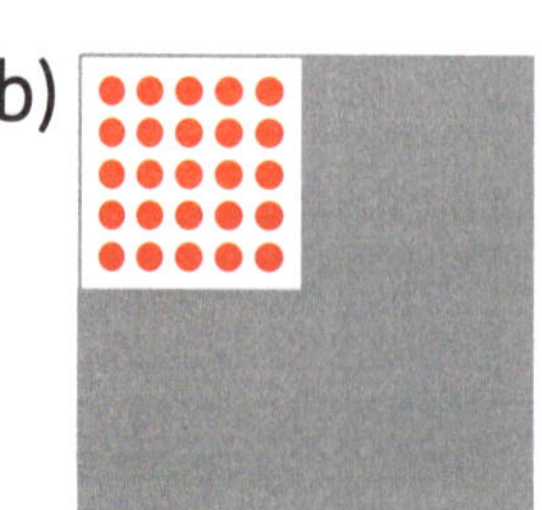   c) 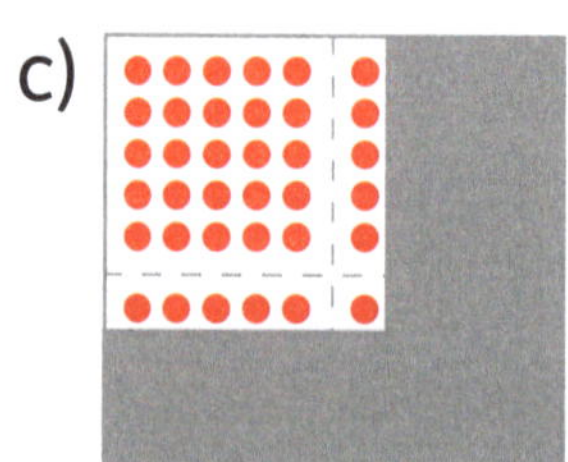   d) 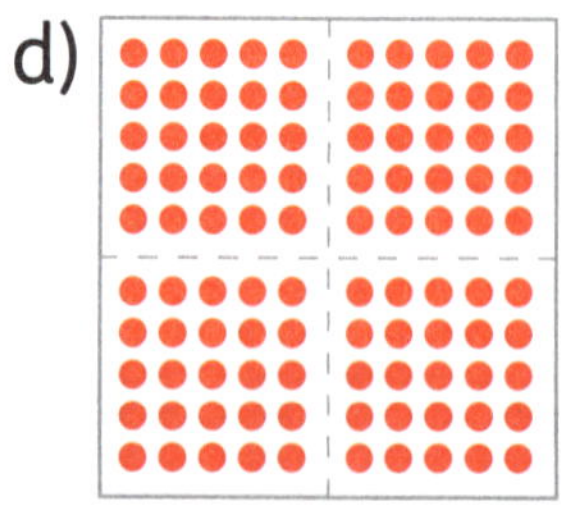

______   ______   ______   ______

1 Aufgaben und Tauschaufgaben zu den Punktebildern finden.   2 Tauschaufgaben der einfachen Aufgaben ‚mit 10' und ‚mit 2' erkennen und nutzen.   3 Quadrataufgaben im Punktefeld erkennen und geschickt lösen.

→ Schulbuch, Seiten 70/71

Einfache Malaufgaben

1 Aufgaben 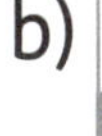 mit 2 . Schreibe und rechne.

a)  b)  c)  d) 

$2 \cdot 3 =$ _____   _____   _____   _____

2 Immer das Doppelte mit 2 .

a) $1 \cdot 3 =$ ____   b) $1 \cdot 4 =$ ____   c) $1 \cdot 6 =$ ____   d) $1 \cdot 8 =$ ____

$2 \cdot 3 =$ ____ $2 \cdot 4 =$ ____ $2 \cdot 6 =$ ____ $2 \cdot 8 =$ ____

3 Einfache Aufgaben mit 10 . Schreibe und rechne.

a) 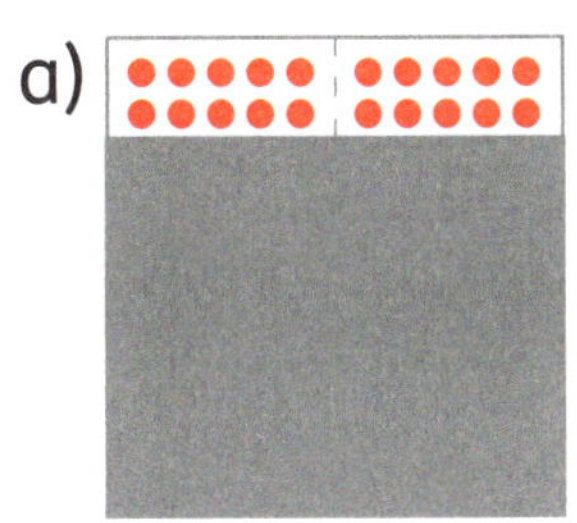 b) 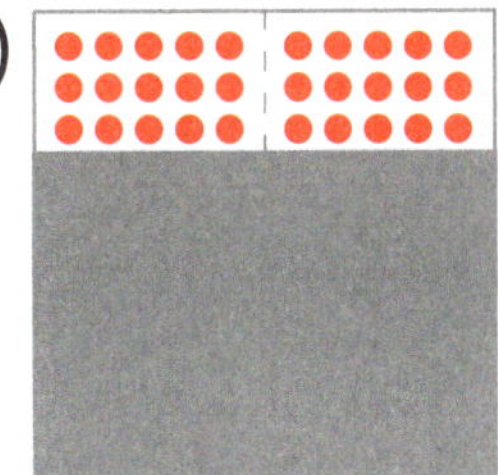 c) 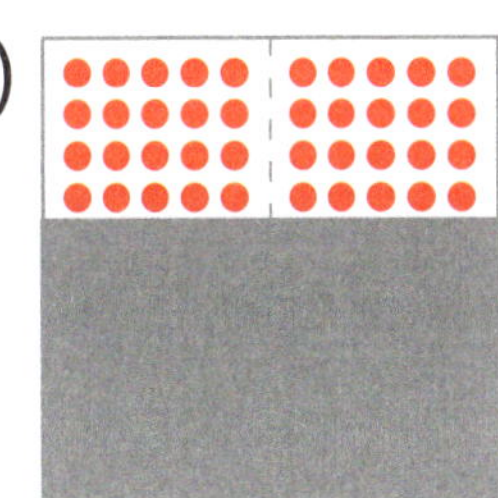 d) 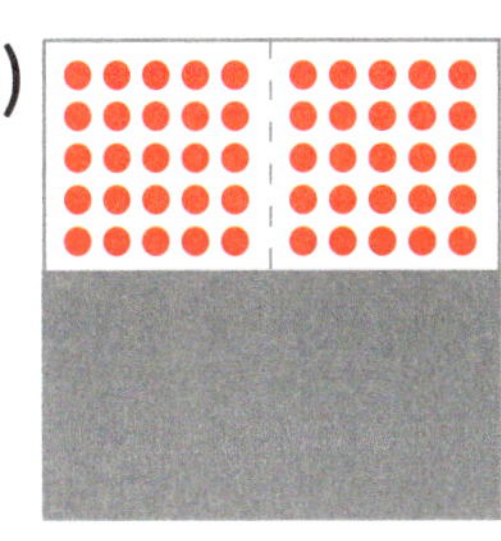

_____   _____   _____   _____

4 Einfache Aufgaben mit 1 mit 10 .

a) $2 \cdot 1 =$ ____   b) $4 \cdot 1 =$ ____   c) $6 \cdot 1 =$ ____   d) $8 \cdot 1 =$ ____

$2 \cdot 10 =$ ____ $4 \cdot 10 =$ ____ $6 \cdot 10 =$ ____ $8 \cdot 10 =$ ____

e) $3 \cdot 1 =$ ____   f) $5 \cdot 1 =$ ____   g) $7 \cdot 1 =$ ____   h) $9 \cdot 1 =$ ____

$3 \cdot 10 =$ ____ $5 \cdot 10 =$ ____ $7 \cdot 10 =$ ____ $9 \cdot 10 =$ ____

Kernaufgaben und Nachbaraufgaben

1 Aufgaben `mit 5`. Schreibe und rechne.

a) 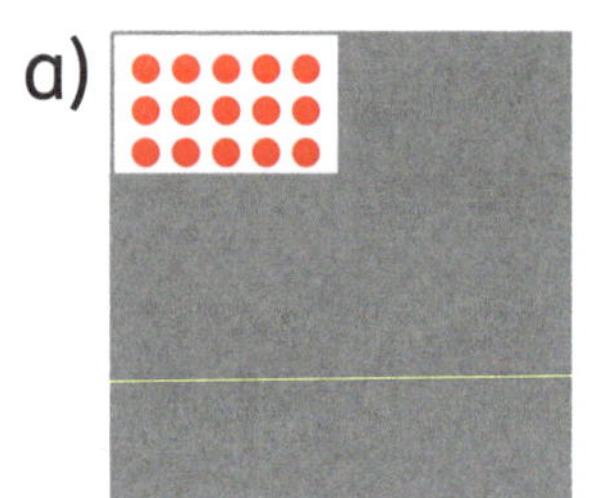

b) 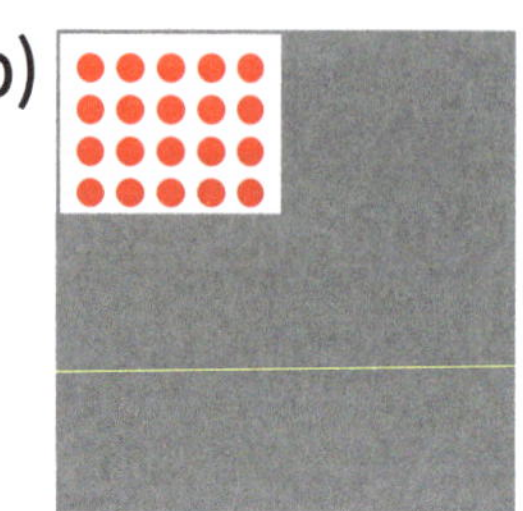

c) 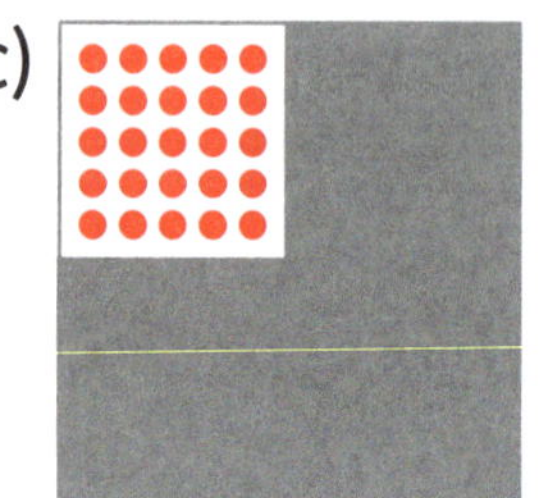

d) 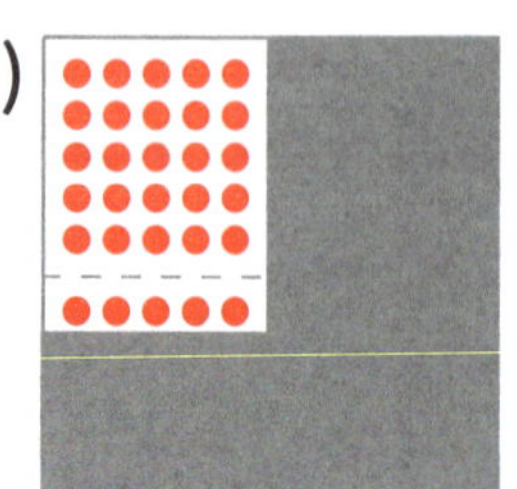

$3 \cdot 5 =$ _______

2 Aufgaben `mit 10` und `mit 5`. Immer die Hälfte.

a) $2 \cdot 10 =$ _____   b) $6 \cdot 10 =$ _____   c) $7 \cdot 10 =$ _____   d) $8 \cdot 10 =$ _____

    $2 \cdot 5 =$ _____ $6 \cdot 5 =$ _____ $7 \cdot 5 =$ _____ $8 \cdot 5 =$ _____

e) $10 \cdot 2 =$ _____   f) $10 \cdot 6 =$ _____   g) $10 \cdot 7 =$ _____   h) $10 \cdot 8 =$ _____

    $5 \cdot 2 =$ _____ $5 \cdot 6 =$ _____ $5 \cdot 7 =$ _____ $5 \cdot 8 =$ _____

3 Rechne Kernaufgaben.

a) $1 \cdot 2 =$ _____   b) $1 \cdot 4 =$ _____   c) $1 \cdot 6 =$ _____   d) $1 \cdot 8 =$ _____

    $2 \cdot 2 =$ _____ $2 \cdot 4 =$ _____ $2 \cdot 6 =$ _____ $2 \cdot 8 =$ _____

    $5 \cdot 2 =$ _____ $5 \cdot 4 =$ _____ $5 \cdot 6 =$ _____ $5 \cdot 8 =$ _____

   $10 \cdot 2 =$ _____ $10 \cdot 4 =$ _____ $10 \cdot 6 =$ _____ $10 \cdot 8 =$ _____

e) $1 \cdot 3 =$ _____   f) $1 \cdot 5 =$ _____   g) $1 \cdot 7 =$ _____   h) $1 \cdot 9 =$ _____

    $2 \cdot 3 =$ _____ $2 \cdot 5 =$ _____ $2 \cdot 7 =$ _____ $2 \cdot 9 =$ _____

    $5 \cdot 3 =$ _____ $5 \cdot 5 =$ _____ $5 \cdot 7 =$ _____ $5 \cdot 9 =$ _____

   $10 \cdot 3 =$ _____ $10 \cdot 5 =$ _____ $10 \cdot 7 =$ _____ $10 \cdot 9 =$ _____

1, 2 Malaufgaben ‚mit 5' rechnen und deren einfache Zahlbilder in Verbindung zu den Malaufgaben ‚mit 10' verinnerlichen.
3 Kernaufgaben rechnen und zunehmend sichern.

→ Schulbuch, Seiten 74/75

Kernaufgaben und Nachbaraufgaben

1 Nachbaraufgaben **mit 10**.

a)
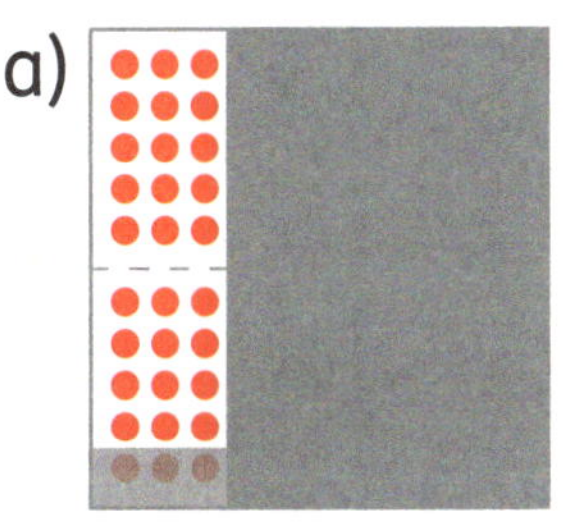

$10 \cdot 3 =$ ____
$9 \cdot 3 =$ ____

b)
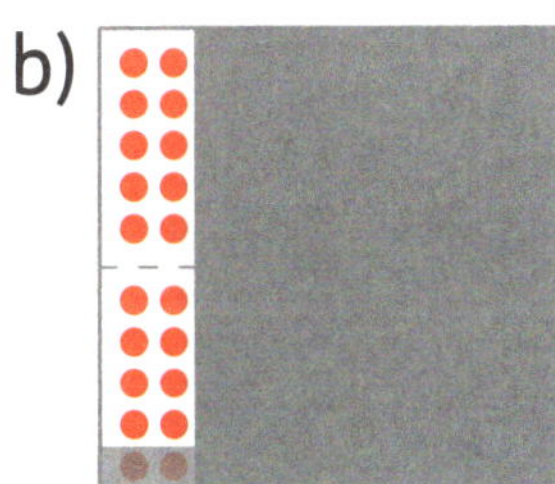

$10 \cdot 2 =$ ____
$9 \cdot 2 =$ ____

c)
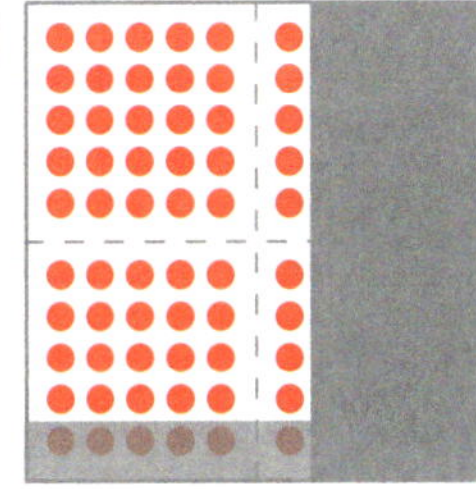

$10 \cdot 6 =$ ____
$9 \cdot 6 =$ ____

d)
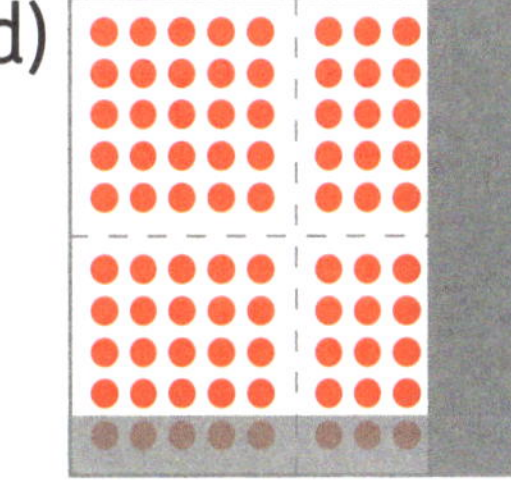

$10 \cdot 8 =$ ____
$9 \cdot 8 =$ ____

e)
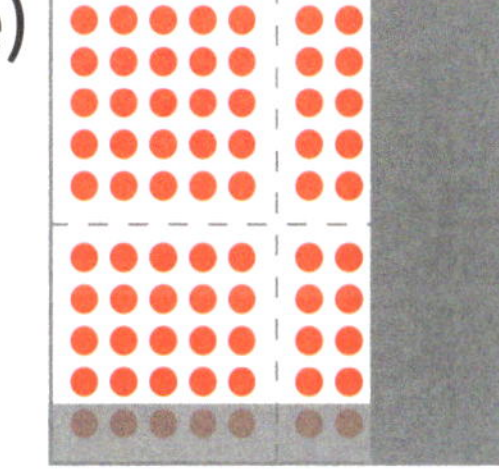

$10 \cdot 7 =$ ____
$9 \cdot 7 =$ ____

2 Nachbaraufgaben **mit 2**.

a) $2 \cdot 7 =$ ____
$3 \cdot 7 =$ ____

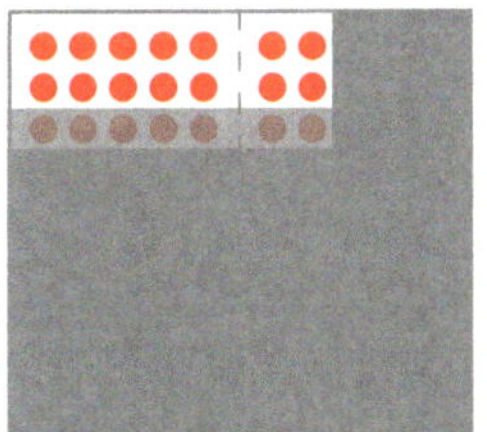

b)
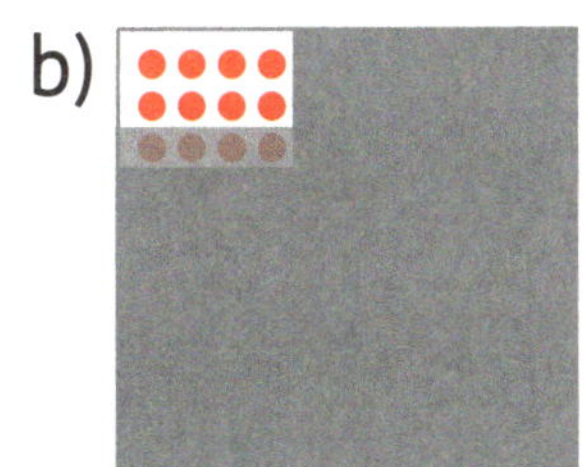

$2 \cdot 4 =$ ____
$3 \cdot 4 =$ ____

c)
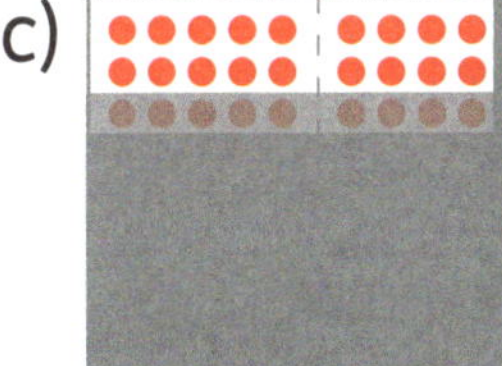

$2 \cdot 9 =$ ____
$3 \cdot 9 =$ ____

d)
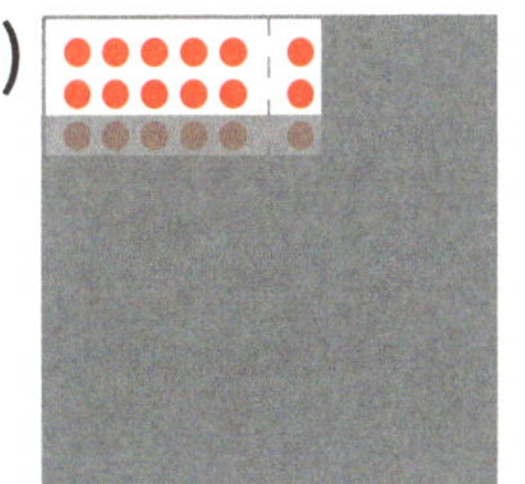

$2 \cdot 6 =$ ____
$3 \cdot 6 =$ ____

e)
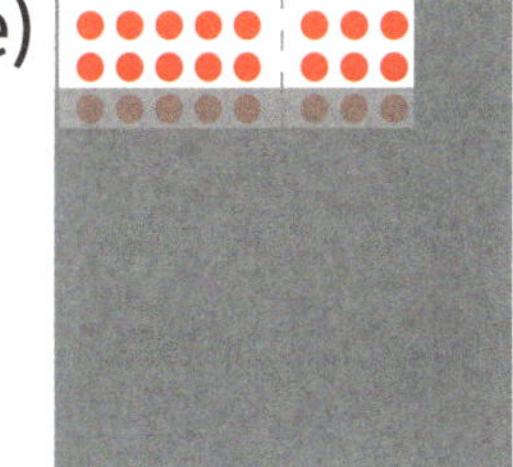

$2 \cdot 8 =$ ____
$3 \cdot 8 =$ ____

1, 2 Die einfachen Aufgaben ‚mit 10' und ‚mit 2' zum Lösen von Nachbaraufgaben nutzen.

→ Schulbuch, Seiten 74/75

Kernaufgaben und Nachbaraufgaben

1 Nachbaraufgaben **mit 5**.

a)
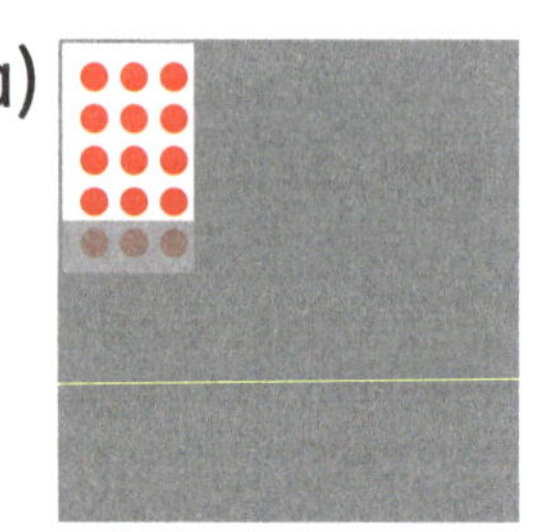

$5 \cdot 3 =$ ____
$4 \cdot 3 =$ ____

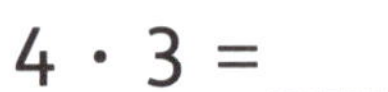

b)
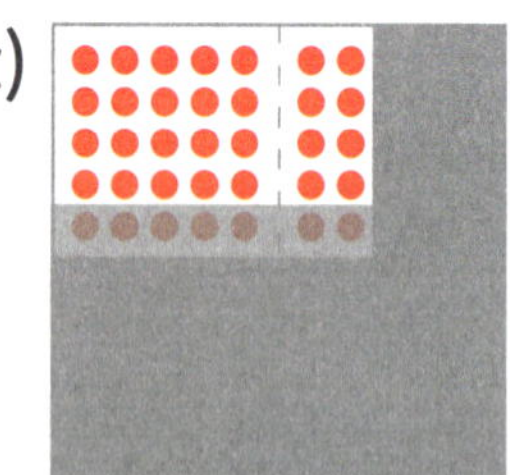

$5 \cdot 8 =$ ____
$4 \cdot 8 =$ ____

c)

$5 \cdot 7 =$ ____
$4 \cdot 7 =$ ____

d)
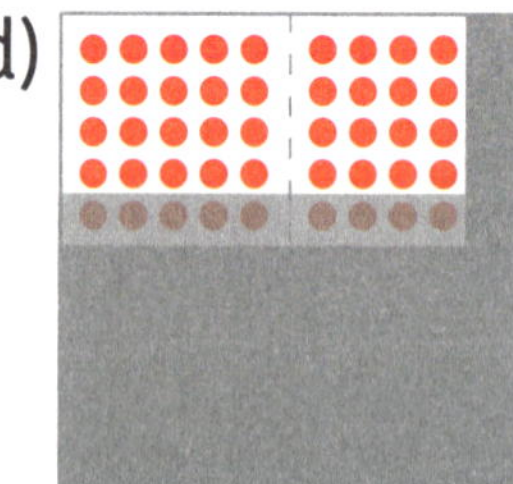

$5 \cdot 9 =$ ____
$4 \cdot 9 =$ ____

e)

$5 \cdot 6 =$ ____
$4 \cdot 6 =$ ____

2 Nachbaraufgaben **mit 5**.

a) $5 \cdot 3 =$ ____
$6 \cdot 3 =$ ____

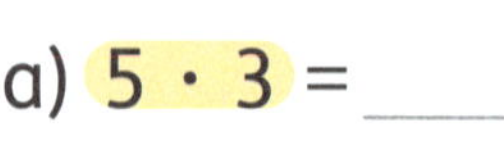

b)
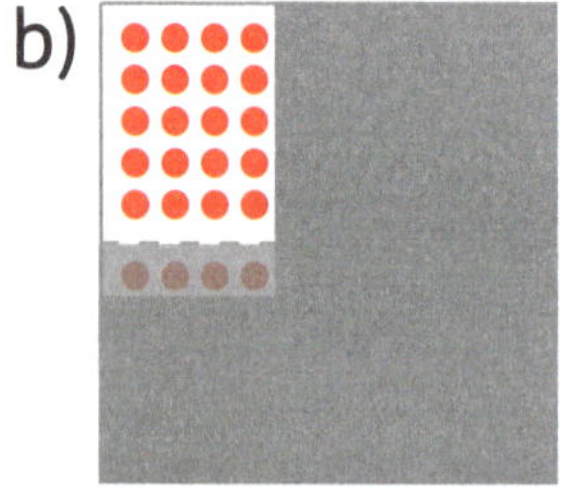

$5 \cdot 4 =$ ____
$6 \cdot 4 =$ ____

c)
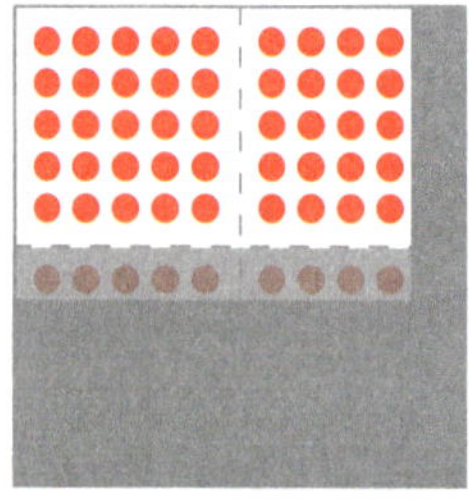

$5 \cdot 9 =$ ____
$6 \cdot 9 =$ ____

d)
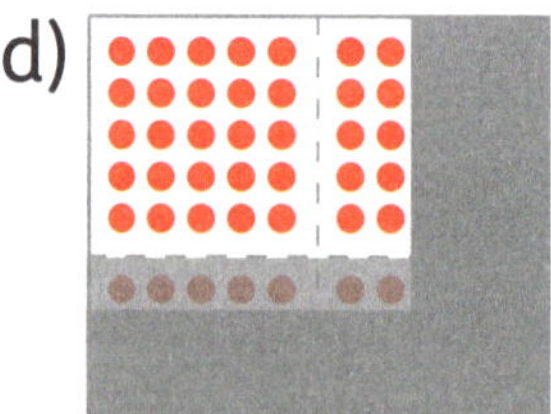

$5 \cdot 7 =$ ____
$6 \cdot 7 =$ ____

e)
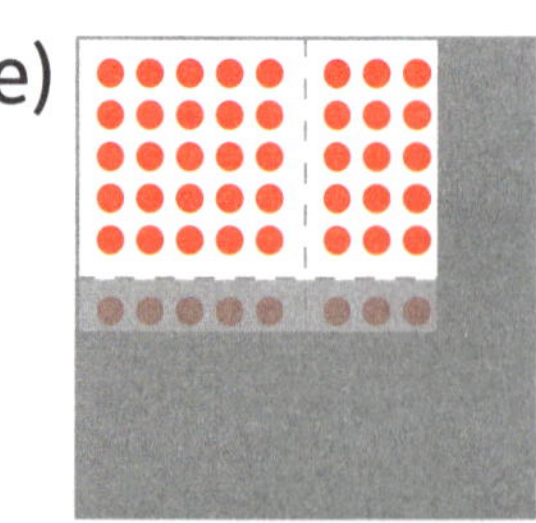

$5 \cdot 8 =$ ____
$6 \cdot 8 =$ ____

1, 2 Die einfachen Aufgaben ‚mit 5' zum Lösen von Nachbaraufgaben nutzen.

→ Schulbuch, Seiten 74/75

Schwierige Malaufgaben

1 Nachbaraufgaben .

a)
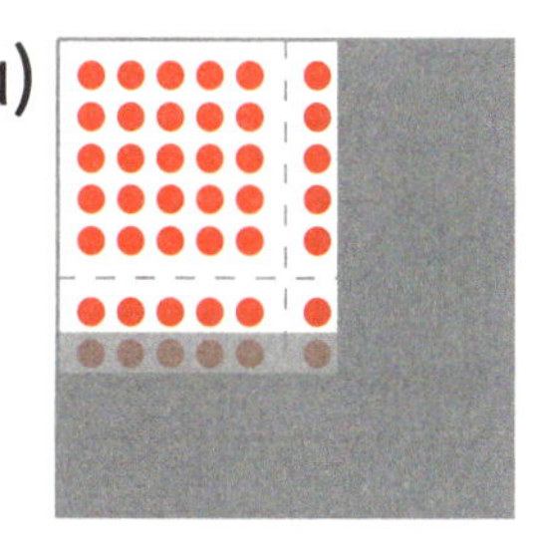

6 · 6 = ____
7 · 6 = ____

b)
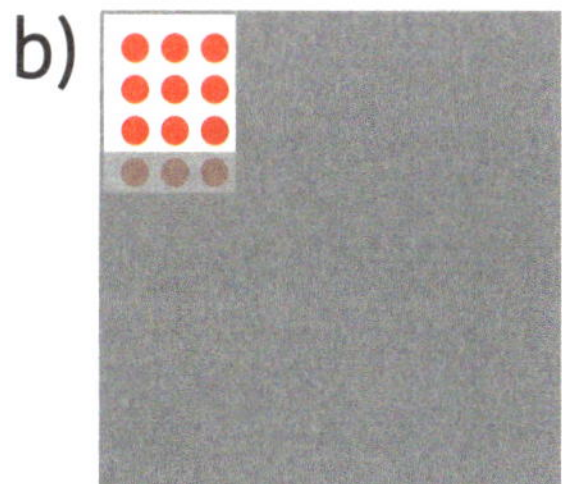

3 · 3 = ____
4 · 3 = ____

c)
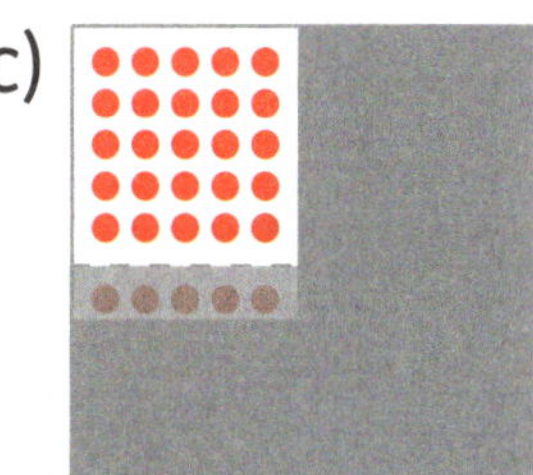

5 · 5 = ____
6 · 5 = ____

d)
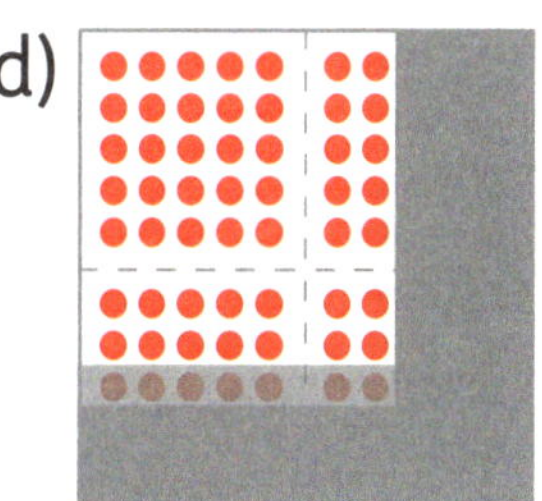

7 · 7 = ____
8 · 7 = ____

e)
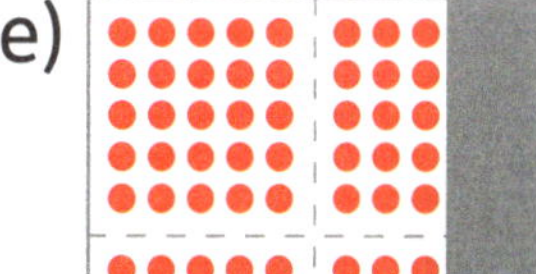

8 · 8 = ____
9 · 8 = ____

2 Beginne immer mit der Kernaufgabe.

a) 2 · 8 = ____ b) 5 · 4 = ____ c) 10 · 8 = ____ d) 6 · 6 = ____

  3 · 8 = ____   6 · 4 = ____   9 · 8 = ____   7 · 6 = ____

  4 · 8 = ____   7 · 4 = ____   8 · 8 = ____   8 · 6 = ____

3 Rechne geschickt. Achte auf   .

 3 · 7   6 · 8   9 · 4   4 · 3

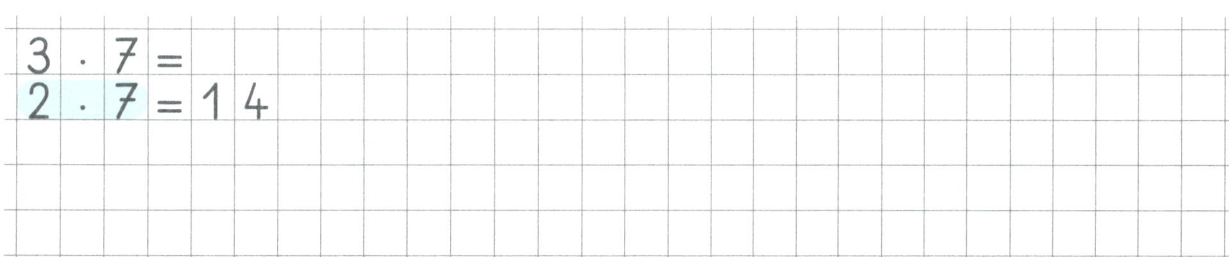

---

1 Quadrataufgaben und Nachbaraufgaben lösen.   **2, 3** Kernaufgaben zum Ableiten nutzen, um schwierige Aufgaben zu lösen.

→ Schulbuch, Seiten 76/77

Die Einmaleins-Tafel

1 Rechne und vergleiche.

a)
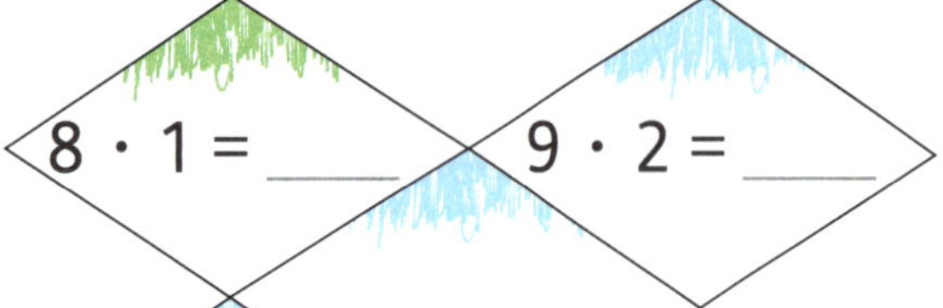

b)
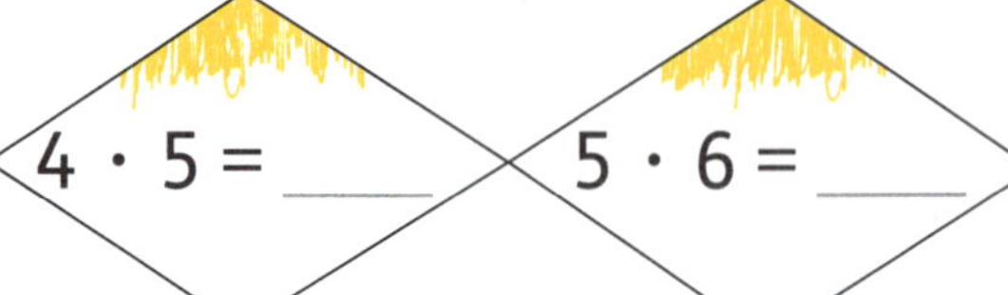

c)

d)
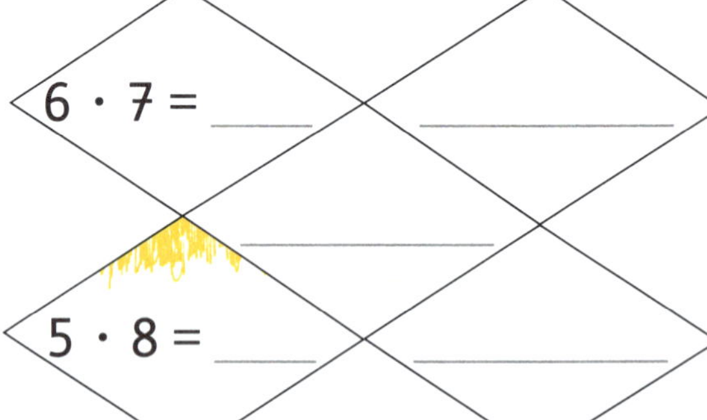

2 Finde ebenso Ausschnitte aus der Einmaleins-Tafel.
Markiere die Kernaufgaben.

a)

b)

c)
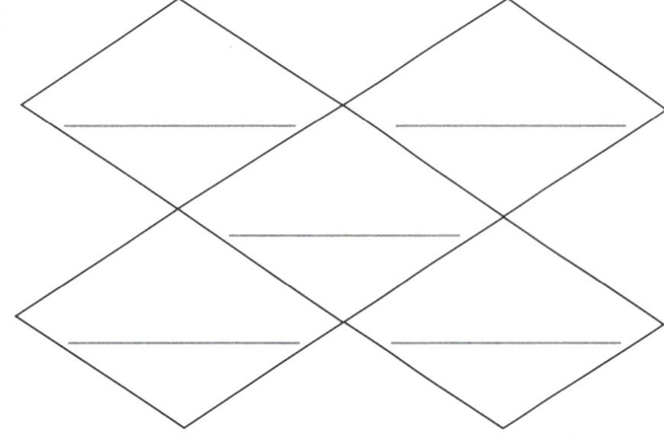

d)
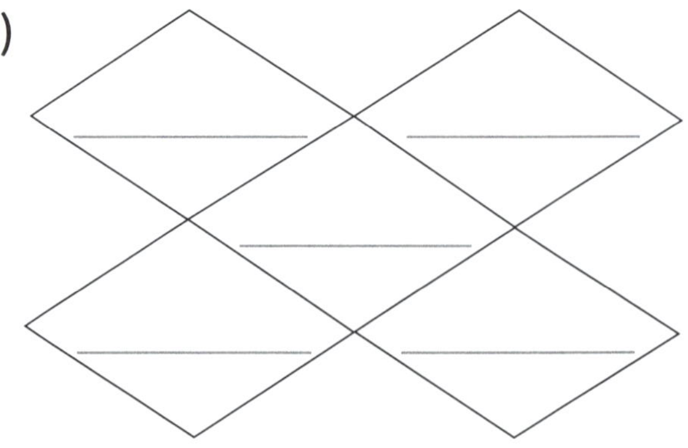

1, 2 Einmaleins-Tafel erkunden, die zentrale Rolle der Kernaufgaben erkennen: Jede Aufgabe hat mindestens eine Kernaufgabe als Nachbarn.

→ Schulbuch, Seite 78

1 Rechne die Malaufgaben.

Addiere immer die Ergebnisse der roten und der blauen Aufgaben.

a)

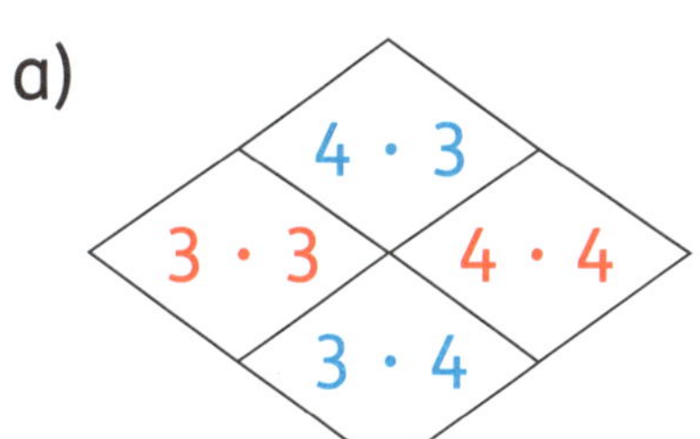

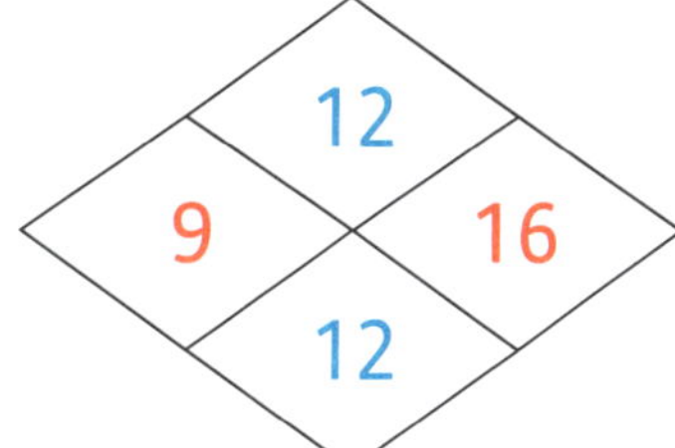

$12 + 12 =$ ___

$9 + 16 =$ ___

b)

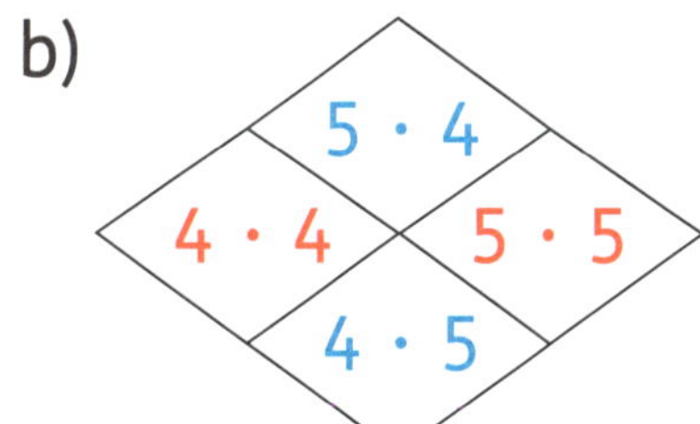

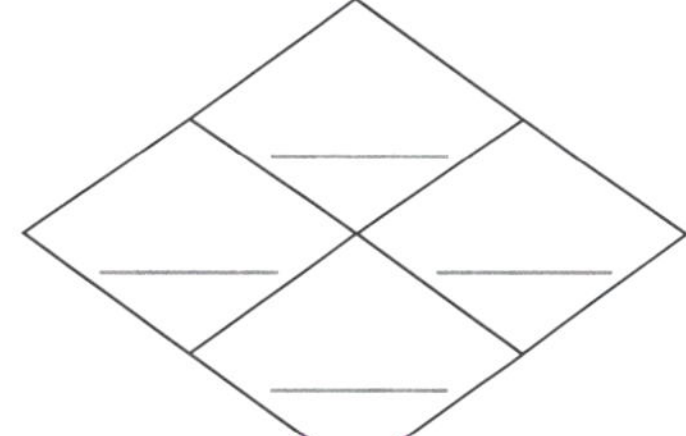

___

___

___

c)

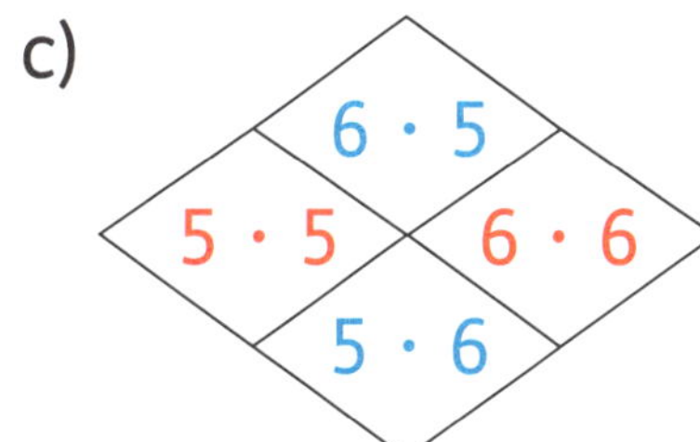

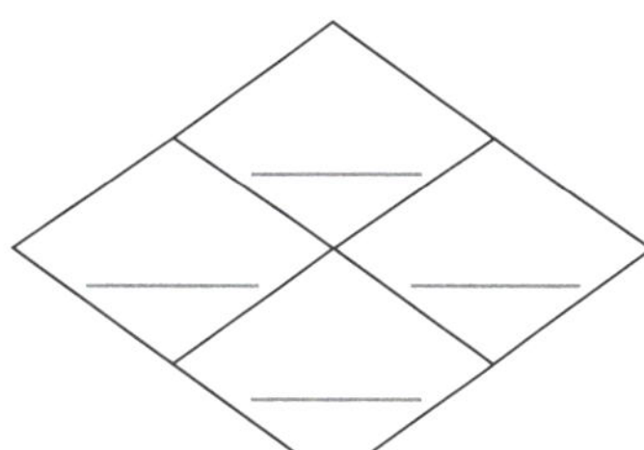

___

___

___

2 Hat Lena Recht? Begründe am Beispiel.

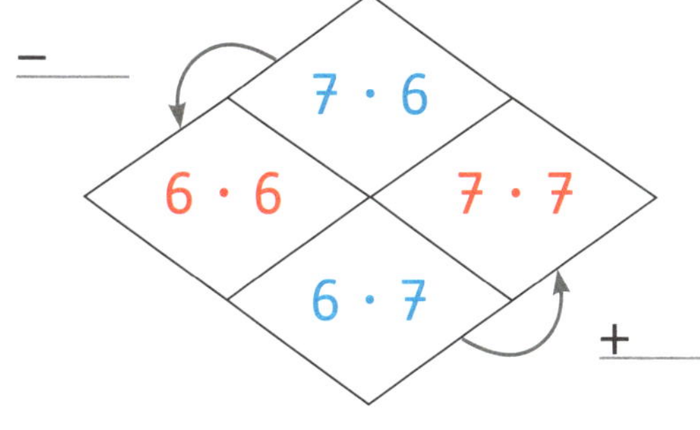

___

___

___

___

1 Finde zu jedem Bild eine Plus- und eine Malaufgabe.

        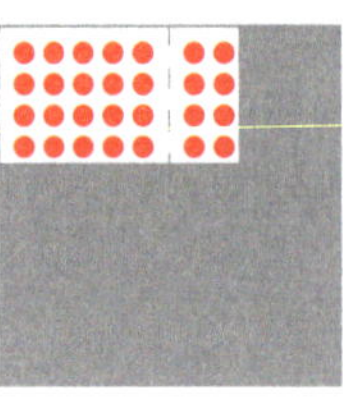

______________________   ______________________   ______________________

______________________   ______________________   ______________________

2 Tauschaufgaben.

a) $2 \cdot 4 =$ _____   b) $5 \cdot 6 =$ _____   c) $10 \cdot 3 =$ _____

$ 4 \cdot 2 =$ _____ $ 6 \cdot 5 =$ _____ $ 3 \cdot 10 =$ _____

3 Ordne und rechne einfache Aufgaben.

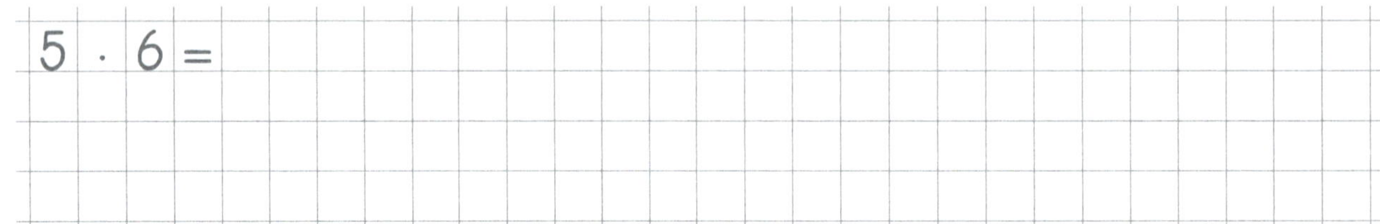

$5 \cdot 6 =$

4 Rechne mit einer Nachbaraufgabe.

a) $5 \cdot 3 =$ _____   b) $10 \cdot 4 =$ _____   c) $2 \cdot 6 =$ _____

$ 6 \cdot 3 =$ _____ $ 9 \cdot 4 =$ _____ $ 3 \cdot 6 =$ _____

5 Wie viel Geld ist es?       _____ €

Wesentliche Inhalte des Kapitels noch einmal reflektieren, die eigenen Kompetenzen einschätzen.
→ Schulbuch, Seiten 80/81

1 Lege mit allen Tangramformen nach. Zeichne ein.

a)

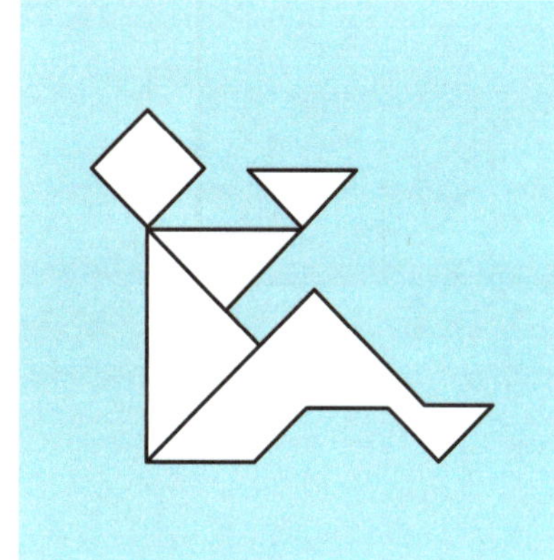

b)

c)

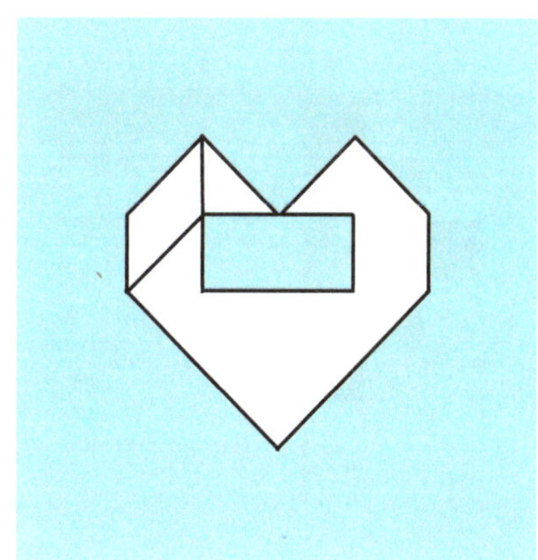

d)

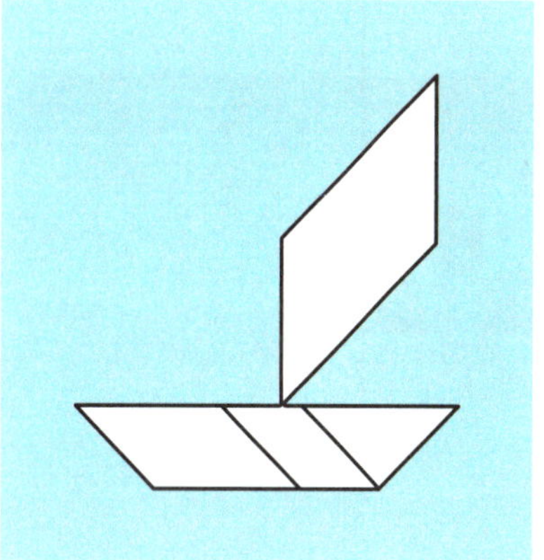

2 Immer 4 Tangramformen. Zeichne ein.

a)

Du brauchst:

1 großes Dreieck
2 kleine Dreiecke
1 Quadrat

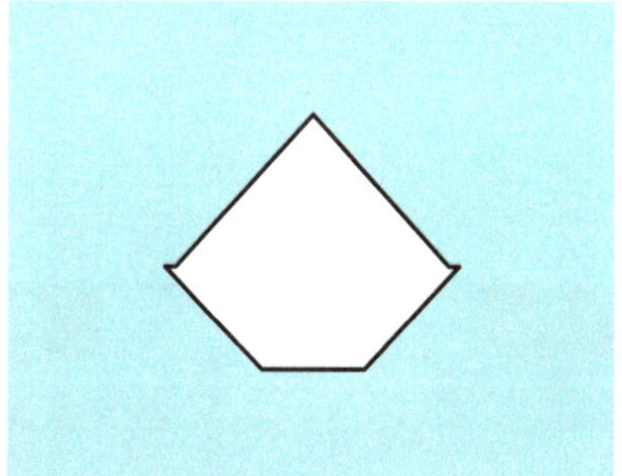

b)

Du brauchst:

1 mittleres Dreieck
2 kleine Dreiecke
1 Parallelogramm

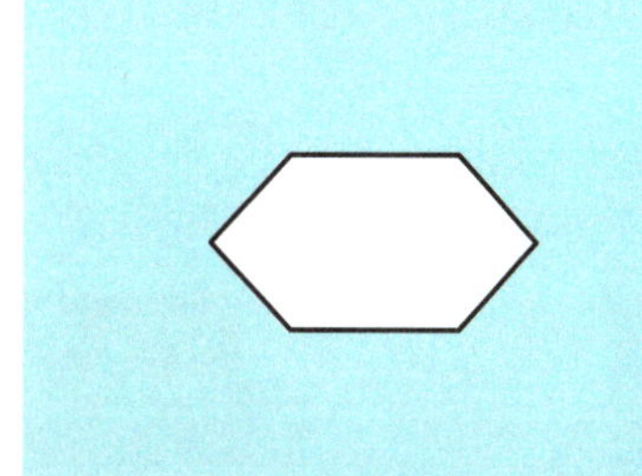

---

1 Tangramformen mit allen Tangramteilen auslegen. Dabei die angefangene Lösung nutzen und vervollständigen.
2 Formen aus genau vier Tangramteilen legen und Lösung einzeichnen.

→ Schulbuch, Seiten 82/83

Spiegeln

1 Zeichne das Spiegelbild.

a)
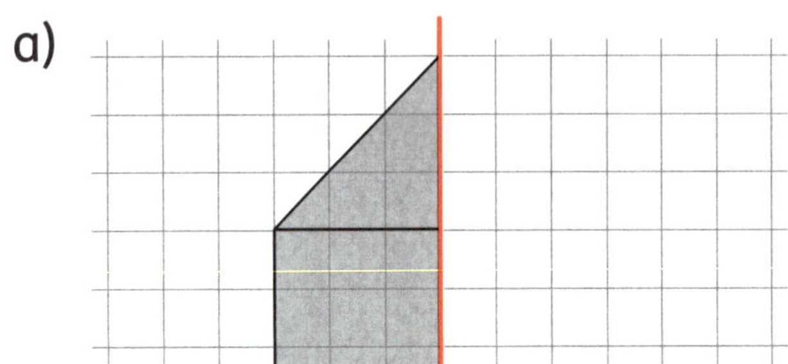

b)
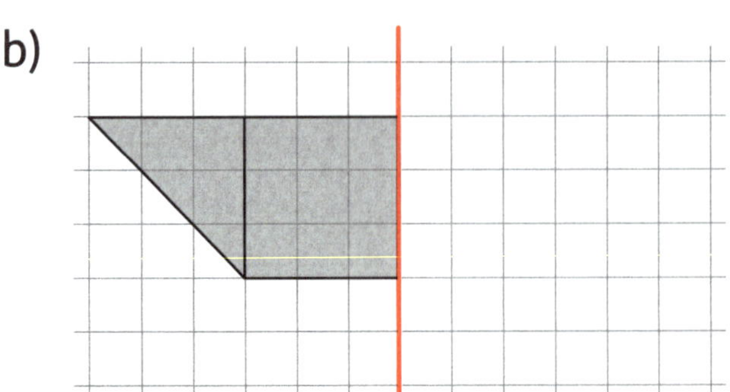

2 Zeichne das Spiegelbild.

a)
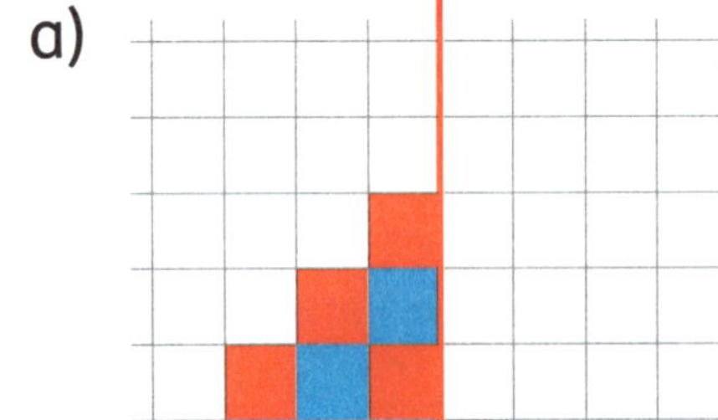

b)
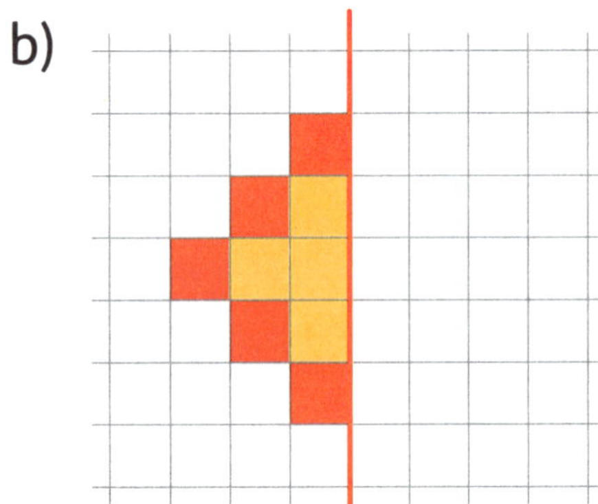

c)
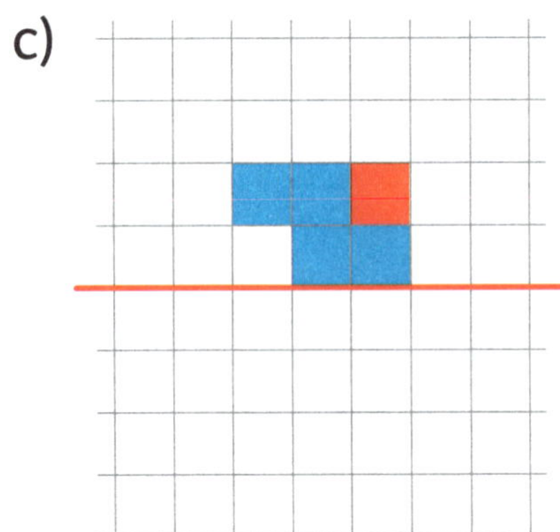

d)
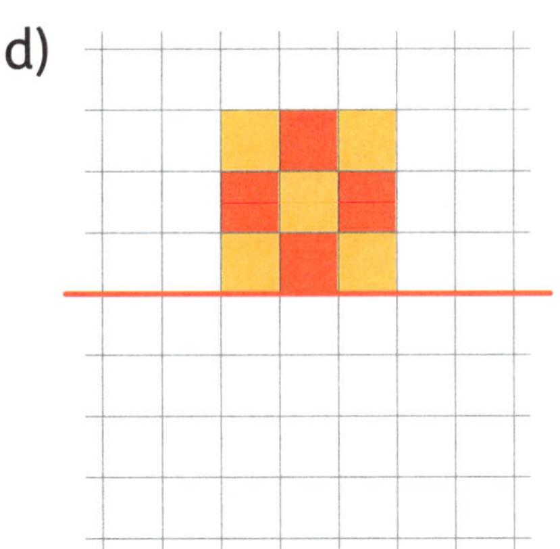

3 Immer 1 blaues Kästchen weniger. Spiegle und zeichne.

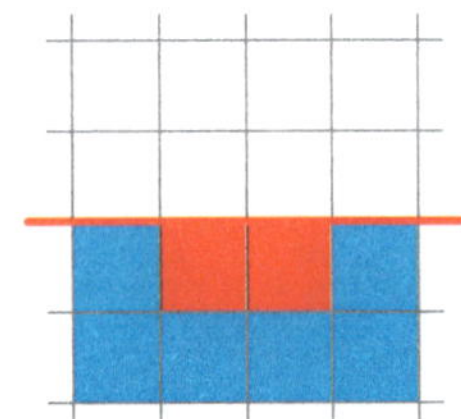
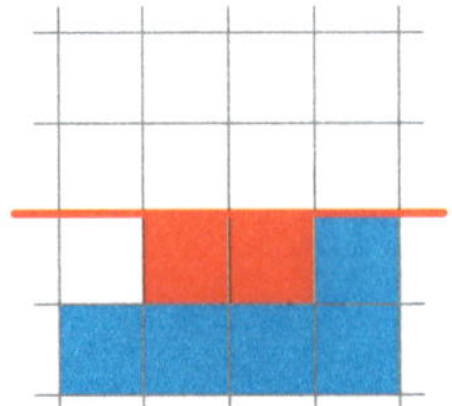
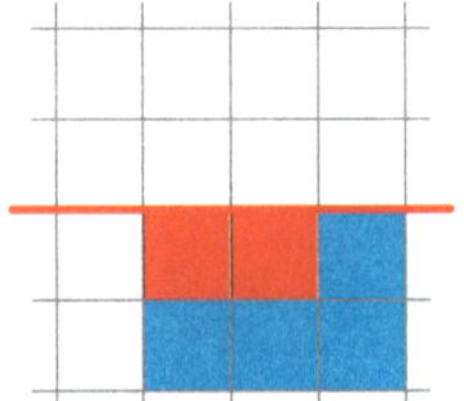
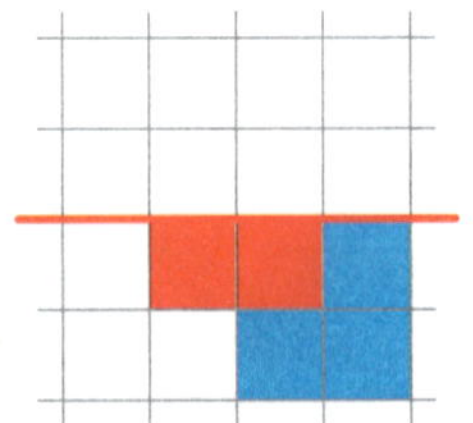

1, 2 Figuren spiegelbildlich ergänzen. **3** Figuren spiegelbildlich ergänzen. Dabei auf das Muster achten: Die dargestellte Form hat immer ein blaues Kästchen weniger als die vorherige, somit hat die achsensymmetrische Form immer zwei blaue Kästchen weniger als die vorherige.

→ Schulbuch, Seiten 84/85

1 Geteiltaufgaben. Kreise ein. Rechne.

a) 12 Brötchen.

Immer 2 Brötchen .

12 : 2 = ___

b) 16 Brötchen.

Immer 2 Brötchen .

16 : 2 = ___

c) 15 Zitronen.

Immer 3 Zitronen .

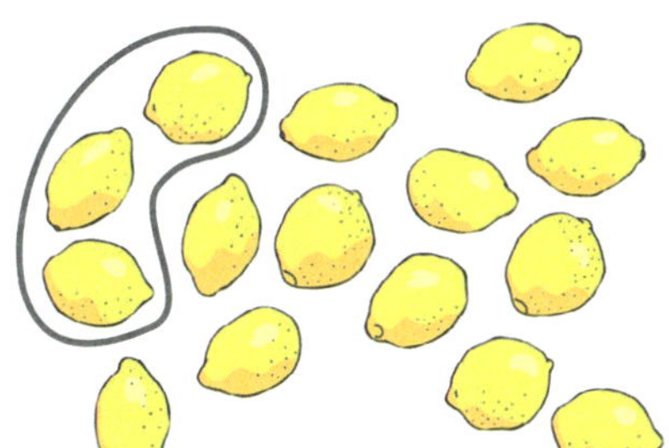

15 : 3 = ___

d) 18 Zitronen.

Immer 3 Zitronen .

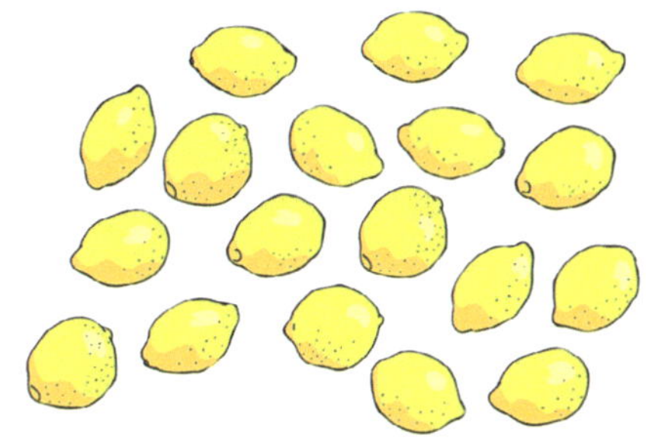

18 : 3 = ___

e) 20 Birnen.

Immer 4 Birnen .

20 : 4 = ___

f) 16 Birnen.

Immer 4 Birnen .

16 : 4 = ___

Teilen in der Umwelt

1 Finde die Geteiltaufgabe. Zeichne. Rechne.

a) 18 Äpfel.

Immer 3 Äpfel in ein Netz.

18 : 3 = ___

b) 9 Äpfel.

Immer 3 Äpfel in ein Netz.

c) 20 Tomaten.

Immer 5 Tomaten.

d) 15 Tomaten.

Immer 5 Tomaten.

e) 8 Bälle.

Immer 4 Bälle.

f) 8 Bälle.

Immer 2 Bälle.

1 Aufteilsituationen als Geteiltaufgaben deuten und darstellen.
→ Schulbuch, Seiten 88/89

Umkehraufgaben

1 Rechne die Geteiltaufgabe
und die Umkehraufgabe.

a) Wie viele **Fünfer**?

20 : 5 = _____

_____ · 5 =

25 : 5 = _____

_____ · 5 =

Lilly

30 : 5 = _____

_____ · 5 =

b) Wie viele **Zehner**?

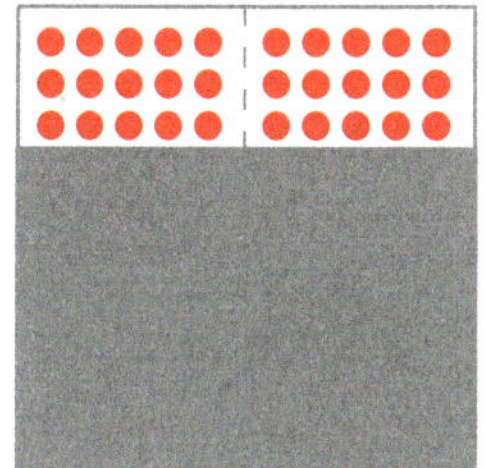

30 : 10 = _____

_____ · 10 =

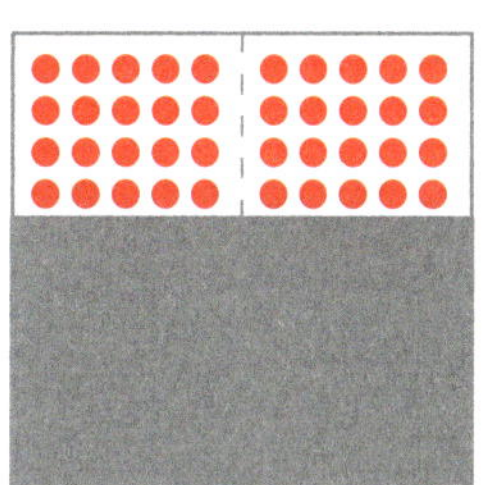

40 : 10 = _____

_____ · 10 =

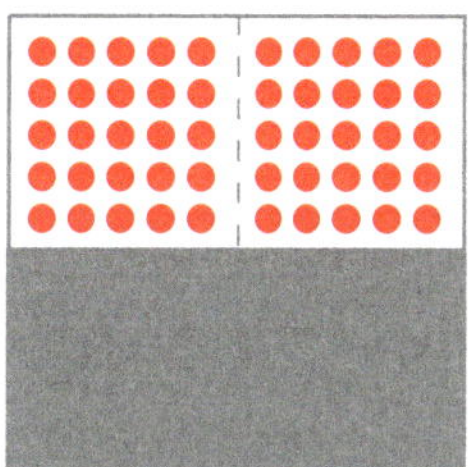

50 : 10 = _____

_____ · 10 =

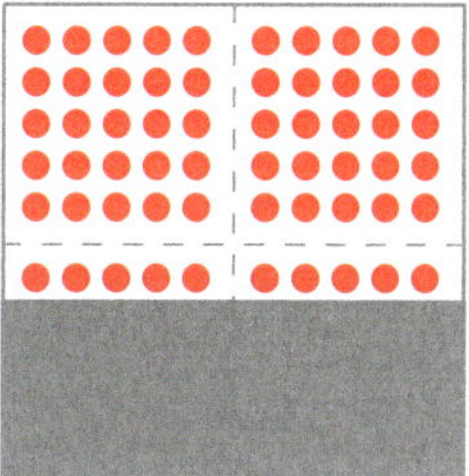

60 : 10 = _____

_____ · 10 =

c) Wie viele **Sechser**?

12 : 6 = _____

_____ · 6 =

18 : 6 = _____

_____ · 6 =

24 : 6 = _____

_____ · 6 =

30 : 6 = _____

_____ · 6 =

Zweier-, Fünfer- und Zehnerreihe

1 Die Fünferreihe. Zeige und rechne die Mal- und Geteiltaufgaben.

$1 \cdot 5 = \underline{5}$ $2 \cdot 5 = \underline{}$ $5 \cdot 5 = \underline{}$ $10 \cdot 5 = \underline{}$

$5 : 5 = \underline{}$ $10 : 5 = \underline{}$ $25 : 5 = \underline{}$ $50 : 5 = \underline{}$

$3 \cdot 5 = \underline{}$ $4 \cdot 5 = \underline{}$ $6 \cdot 5 = \underline{}$ $8 \cdot 5 = \underline{}$

$15 : 5 = \underline{}$ $20 : 5 = \underline{}$ $30 : 5 = \underline{}$ $40 : 5 = \underline{}$

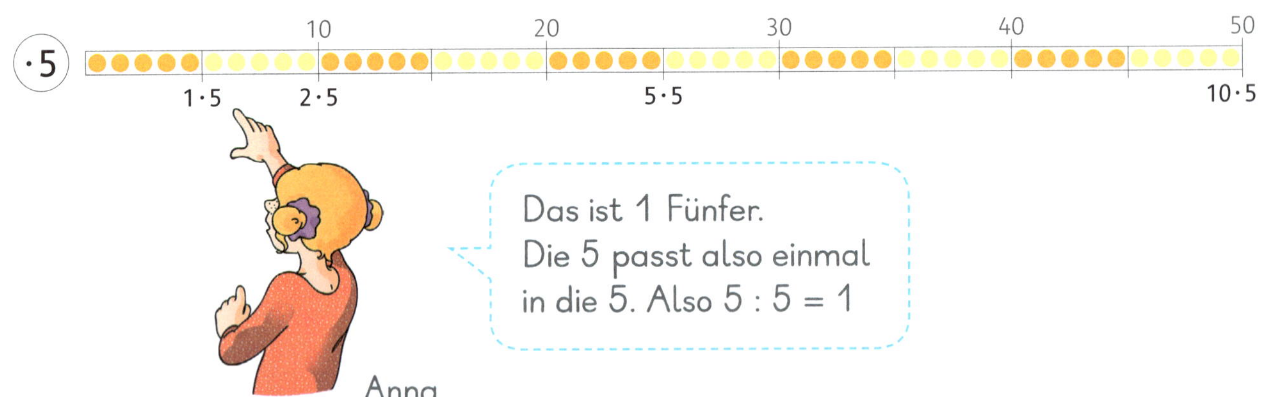

2 Die Zweierreihe. Zeige und rechne die Mal- und Geteiltaufgaben.

$1 \cdot 2 = \underline{2}$

$2 : 2 = \underline{}$

$2 \cdot 2 = \underline{}$ $5 \cdot 2 = \underline{}$ $10 \cdot 2 = \underline{}$ $3 \cdot 2 = \underline{}$

$4 : 2 = \underline{}$ $10 : 2 = \underline{}$ $20 : 2 = \underline{}$ $6 : 2 = \underline{}$

$4 \cdot 2 = \underline{}$ $6 \cdot 2 = \underline{}$ $8 \cdot 2 = \underline{}$ $9 \cdot 2 = \underline{}$

$8 : 2 = \underline{}$ $12 : 2 = \underline{}$ $16 : 2 = \underline{}$ $18 : 2 = \underline{}$

3 $1 \cdot 10 = \underline{}$ $2 \cdot 10 = \underline{}$ $5 \cdot 10 = \underline{}$ $10 \cdot 10 = \underline{}$

$10 : 10 = \underline{}$ $20 : 10 = \underline{}$ $50 : 10 = \underline{}$ $100 : 10 = \underline{}$

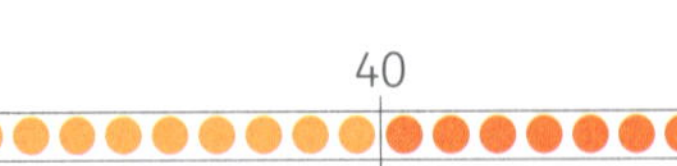

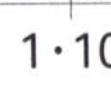

1–3 Die Multiplikation der Zehner-, Fünfer- und Zweierreihe an den Malreihen zeigen. Mal- und Geteiltaufgaben stets miteinander verknüpfen.

→ Schulbuch, Seiten 92/93

4

$1 \cdot 10 = $ ____	$1 \cdot 5 = $ ____	$10 \cdot 2 = $ ____	$2 \cdot 2 = $ ____
$2 \cdot 10 = $ ____	$10 \cdot 5 = $ ____	$5 \cdot 2 = $ ____	$5 \cdot 5 = $ ____
$5 \cdot 10 = $ ____	$2 \cdot 5 = $ ____	$1 \cdot 2 = $ ____	$10 \cdot 10 = $ ____
$3 \cdot 10 = $ ____	$3 \cdot 5 = $ ____	$3 \cdot 2 = $ ____	$7 \cdot 2 = $ ____
$6 \cdot 10 = $ ____	$6 \cdot 5 = $ ____	$6 \cdot 2 = $ ____	$7 \cdot 5 = $ ____
$9 \cdot 10 = $ ____	$9 \cdot 5 = $ ____	$9 \cdot 2 = $ ____	$7 \cdot 10 = $ ____
$4 \cdot 10 = $ ____	$4 \cdot 5 = $ ____	$4 \cdot 2 = $ ____	$0 \cdot 2 = $ ____
$8 \cdot 10 = $ ____	$8 \cdot 5 = $ ____	$8 \cdot 2 = $ ____	$0 \cdot 5 = $ ____

5

$10 : 2 = $ ____	$20 : 10 = $ ____	$25 : 5 = $ ____
$10 : 5 = $ ____	$20 : 5 = $ ____	$50 : 5 = $ ____
$10 : 10 = $ ____	$20 : 2 = $ ____	$50 : 10 = $ ____

6 a) Wie viel Cent?

 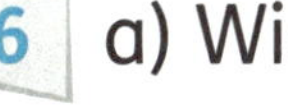      

_______________________ _______________________ _______________________

b) Wie viel Euro?

_______________________ _______________________ _______________________

60	70	80	90	100

$10 \cdot 10$

Dreier- und Sechserreihe

1 Die Dreierreihe. Zeige und rechne mit den Kernaufgaben.

$3 \cdot 3 = \underline{9}$

$4 \cdot 3 = \underline{}$

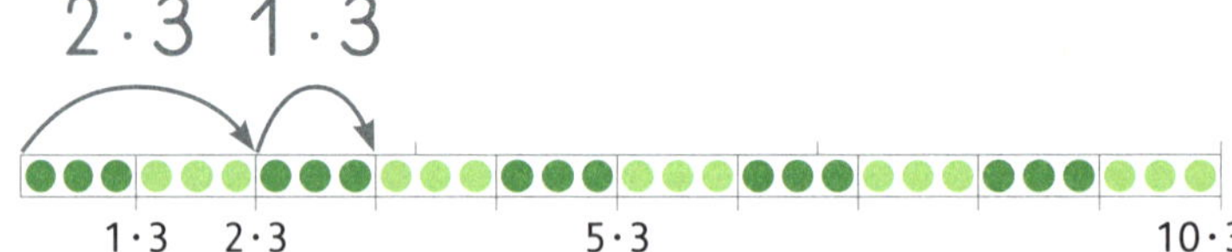

$5 \cdot 3 = \underline{}$ $5 \cdot 3 = \underline{}$ $10 \cdot 3 = \underline{}$

$6 \cdot 3 = \underline{}$ $4 \cdot 3 = \underline{}$ $9 \cdot 3 = \underline{}$

2 Wie viele Dreier? Zeichne und rechne mit den Kernaufgaben.

$6 : 3 = \underline{2}$

$9 : 3 = \underline{}$

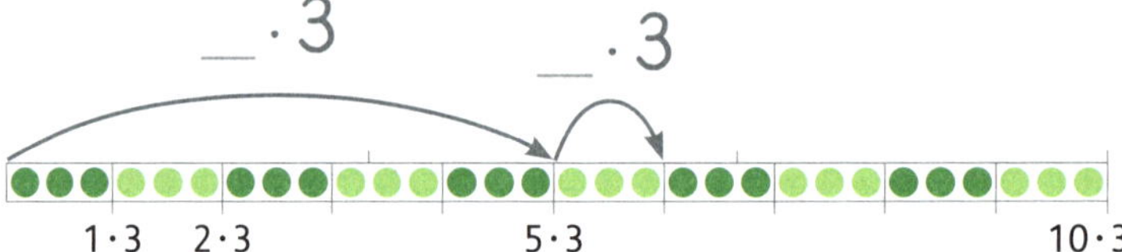

$15 : 3 = \underline{}$

$18 : 3 = \underline{}$

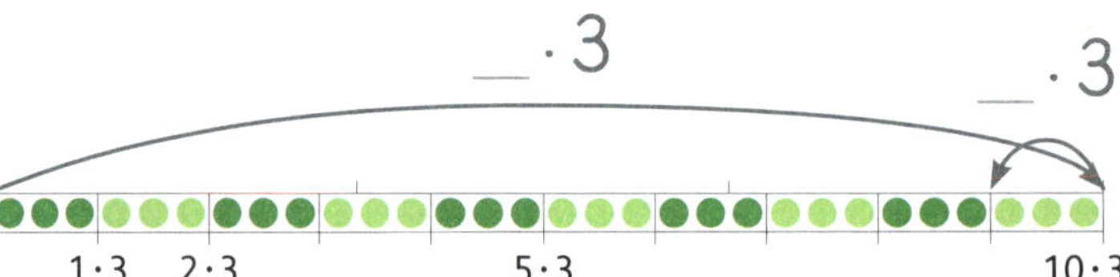

$30 : 3 = \underline{}$

$27 : 3 = \underline{}$

3 Die Sechserreihe. Zeige und rechne mit den Kernaufgaben.

$2 \cdot 6 = \underline{12}$ $5 \cdot 6 = \underline{}$ $10 \cdot 6 = \underline{}$

$4 \cdot 6 = \underline{}$ $4 \cdot 6 = \underline{}$ $9 \cdot 6 = \underline{}$

$2 \cdot 6 = \underline{}$ $5 \cdot 6 = \underline{}$ $6 \cdot 6 = \underline{}$

$3 \cdot 6 = \underline{}$ $6 \cdot 6 = \underline{}$ $7 \cdot 6 = \underline{}$

1–3 Die Multiplikation der Dreier- und Sechserreihe mithilfe der Kernaufgaben an den Malreihen zeigen und rechnen. Mal- und Geteiltaufgaben miteinander verknüpfen.

→ Schulbuch, Seiten 94/95

4

1 · 3 = ___	3 · 3 = ___	1 · 6 = ___	6 · 6 = ___
2 · 3 = ___	10 · 3 = ___	2 · 6 = ___	10 · 6 = ___
5 · 3 = ___	0 · 3 = ___	5 · 6 = ___	0 · 6 = ___
0 · 3 = ___	6 · 3 = ___	0 · 6 = ___	7 · 6 = ___
4 · 3 = ___	7 · 3 = ___	3 · 6 = ___	8 · 6 = ___
8 · 3 = ___	9 · 3 = ___	4 · 6 = ___	9 · 6 = ___

5

3 : 3 = ___	30 : 3 = ___	6 : 6 = ___
6 : 3 = ___	30 : 6 = ___	12 : 6 = ___
15 : 3 = ___	60 : 6 = ___	36 : 6 = ___

6 Zeige an der Dreierreihe und zeige an der Sechserreihe.

4 · 3 = ___	6 · 3 = ___	9 · 3 = ___
12 : 3 = ___	18 : 3 = ___	27 : 3 = ___
4 · 6 = ___	3 · 6 = ___	9 · 6 = ___
24 : 6 = ___	18 : 6 = ___	54 : 6 = ___

7 Wie viele Würfelaugen sind zu sehen? Rechne.

a)  b)  c)  d) 

___________   ___________   ___________   ___________

4, 5 Ergebnisse von Malaufgaben rechnen und/oder unter Nutzung der Aufgaben mal 3 und mal 6 geschickt ablesen.
6 Divisionsaufgaben mit 3 und 6 mithilfe der Kernaufgaben lösen.   **7** Erkennen und Berechnen von Malaufgaben (mal 3 und mal 6) im Sachkontext.
→ Schulbuch, Seiten 94/95

Vierer- und Achterreihe

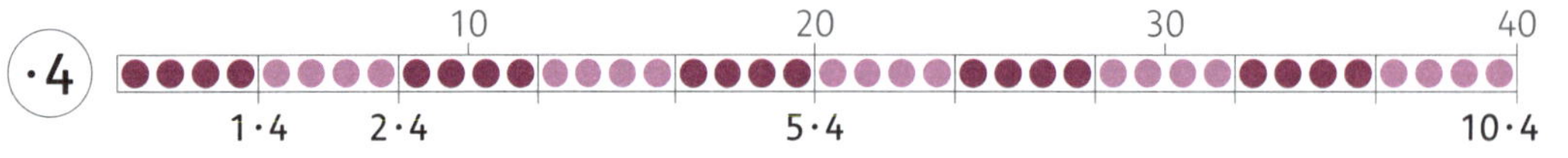

1 Die Viererreihe. Zeige und rechne mit den Kernaufgaben.

·4

2 · 4 = _8_	5 · 4 = ___	5 · 4 = ___	10 · 4 = ___
3 · 4 = ___	6 · 4 = ___	4 · 4 = ___	9 · 4 = ___
2 · 4 = ___	5 · 4 = ___	5 · 4 = ___	10 · 4 = ___
4 · 4 = ___	7 · 4 = ___	8 · 4 = ___	8 · 4 = ___

2 Wie viele Vierer? Zeichne und rechne mit den Kernaufgaben.

8 : 4 = _2_
12 : 4 = ___

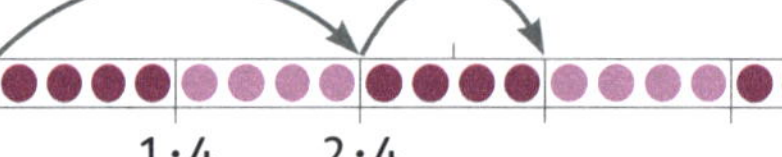

20 : 4 = ___
24 : 4 = ___

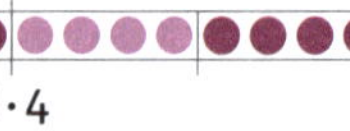
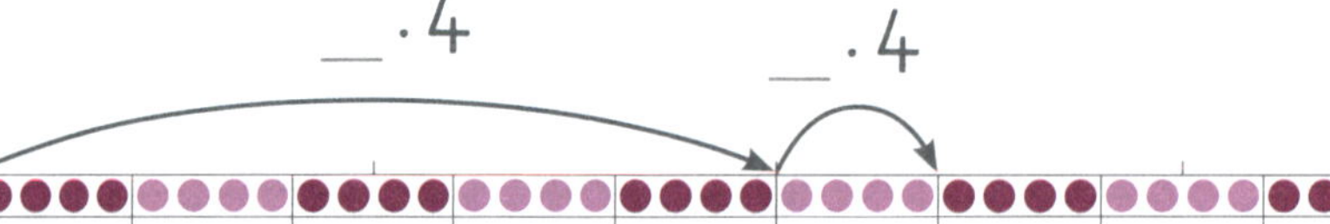

40 : 4 = ___
36 : 4 = ___

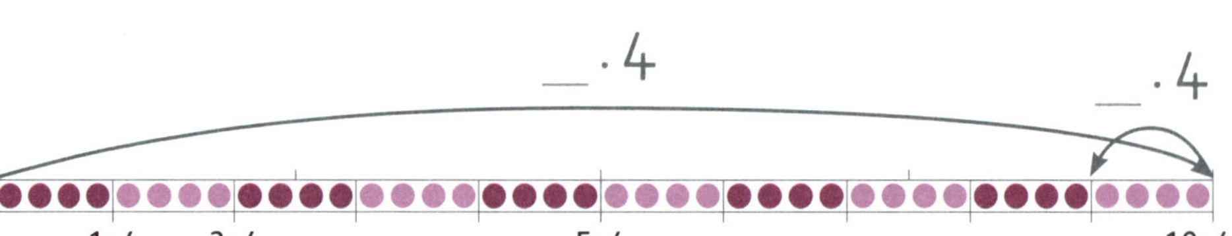

3 Die Achterreihe. Zeige und rechne mit den Kernaufgaben.

2 · 8 = _16_	5 · 8 = ___	5 · 8 = ___	10 · 8 = ___
3 · 8 = ___	6 · 8 = ___	4 · 8 = ___	9 · 8 = ___

·8

1–3 Aufgaben der Vierer- und Achterreihe mithilfe der Kernaufgaben an den Malreihen zeigen und lösen. Mal- und Geteiltaufgaben miteinander verknüpfen.

→ Schulbuch, Seiten 96/97

4

1 · 4 = ___	4 · 4 = ___	1 · 8 = ___	10 · 8 = ___
2 · 4 = ___	10 · 4 = ___	2 · 8 = ___	8 · 8 = ___
5 · 4 = ___	0 · 4 = ___	5 · 8 = ___	0 · 8 = ___
0 · 4 = ___	7 · 4 = ___	0 · 8 = ___	6 · 8 = ___
3 · 4 = ___	8 · 4 = ___	3 · 8 = ___	9 · 8 = ___
6 · 4 = ___	9 · 4 = ___	4 · 8 = ___	7 · 8 = ___

5

4 : 4 = ___	40 : 4 = ___	8 : 8 = ___
8 : 4 = ___	40 : 8 = ___	16 : 8 = ___
20 : 4 = ___	80 : 8 = ___	64 : 8 = ___

6 Zeige an der Viererreihe und zeige an der Achterreihe.

3 · 4 = ___	6 · 4 = ___	9 · 4 = ___
12 : 4 = ___	24 : 4 = ___	36 : 4 = ___
3 · 8 = ___	6 · 8 = ___	9 · 8 = ___
24 : 8 = ___	48 : 8 = ___	72 : 8 = ___

7 Wie viele Beine sind es? Rechne.

a)

b)

c)

___________   ___________   ___________

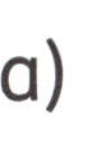

60   70   80

10 · 8

Siebener- und Neunerreihe

1 Die Siebenerreihe. Zeige und rechne mit den Kernaufgaben.

$2 \cdot 7 = 14$	$5 \cdot 7 =$ ___	$5 \cdot 7 =$ ___	$10 \cdot 7 =$ ___
$3 \cdot 7 =$ ___	$6 \cdot 7 =$ ___	$4 \cdot 7 =$ ___	$9 \cdot 7 =$ ___
$2 \cdot 7 =$ ___	$5 \cdot 7 =$ ___	$5 \cdot 7 =$ ___	$10 \cdot 7 =$ ___
$4 \cdot 7 =$ ___	$7 \cdot 7 =$ ___	$8 \cdot 7 =$ ___	$8 \cdot 7 =$ ___

2 Wie viele Siebener? Zeige und rechne mit den Kernaufgaben.

$14 : 7 =$ ___	$35 : 7 =$ ___	$35 : 7 =$ ___	$70 : 7 =$ ___
$21 : 7 =$ ___	$42 : 7 =$ ___	$28 : 7 =$ ___	$63 : 7 =$ ___
$14 : 7 =$ ___	$35 : 7 =$ ___	$35 : 7 =$ ___	$70 : 7 =$ ___
$28 : 7 =$ ___	$49 : 7 =$ ___	$56 : 7 =$ ___	$56 : 7 =$ ___

3 Die Neunerreihe. Zeige und rechne mit den Kernaufgaben.

$2 \cdot 9 =$ ___	$5 \cdot 9 =$ ___	$5 \cdot 9 =$ ___	$10 \cdot 9 =$ ___
$3 \cdot 9 =$ ___	$6 \cdot 9 =$ ___	$4 \cdot 9 =$ ___	$9 \cdot 9 =$ ___
$2 \cdot 9 =$ ___	$5 \cdot 9 =$ ___	$5 \cdot 9 =$ ___	$10 \cdot 9 =$ ___
$4 \cdot 9 =$ ___	$7 \cdot 9 =$ ___	$8 \cdot 9 =$ ___	$8 \cdot 9 =$ ___

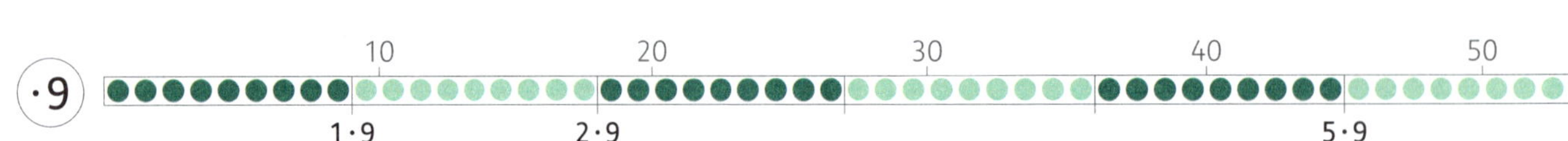

1–3 Aufgaben der Siebener- und Neunerreihe mithilfe der Kernaufgaben an den Malreihen zeigen und lösen. Mal- und Geteilt-aufgaben miteinander verknüpfen.

→ Schulbuch, Seiten 98/99

○ **4**

1 · 7 = ___	10 · 7 = ___	1 · 9 = ___	9 · 9 = ___
2 · 7 = ___	0 · 7 = ___	2 · 9 = ___	10 · 9 = ___
5 · 7 = ___	7 · 7 = ___	5 · 9 = ___	0 · 9 = ___

0 · 7 = ___	6 · 7 = ___	0 · 9 = ___	6 · 9 = ___
3 · 7 = ___	9 · 7 = ___	3 · 9 = ___	7 · 9 = ___
4 · 7 = ___	8 · 7 = ___	4 · 9 = ___	8 · 9 = ___

○ **5**

7 : 7 = ___	70 : 7 = ___	9 : 9 = ___
14 : 7 = ___	90 : 9 = ___	18 : 9 = ___
35 : 7 = ___	45 : 9 = ___	81 : 9 = ___

○ **6** Zeige an der Siebenereihe und zeige an der Neunerreihe.

3 · 7 = ___	6 · 7 = ___	9 · 7 = ___
21 : 7 = ___	42 : 7 = ___	63 : 7 = ___

4 · 7 = ___	8 · 7 = ___	4 · 9 = ___
28 : 7 = ___	56 : 7 = ___	36 : 9 = ___

3 · 9 = ___	6 · 9 = ___	9 · 9 = ___
27 : 9 = ___	54 : 9 = ___	81 : 9 = ___

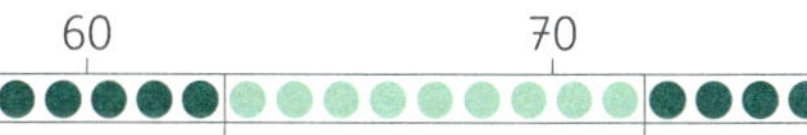

Gemischte Übungen

1 Wie viele Netze? Wie viele Zitronen?

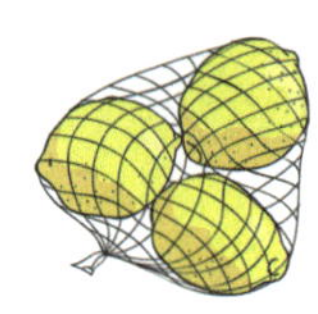 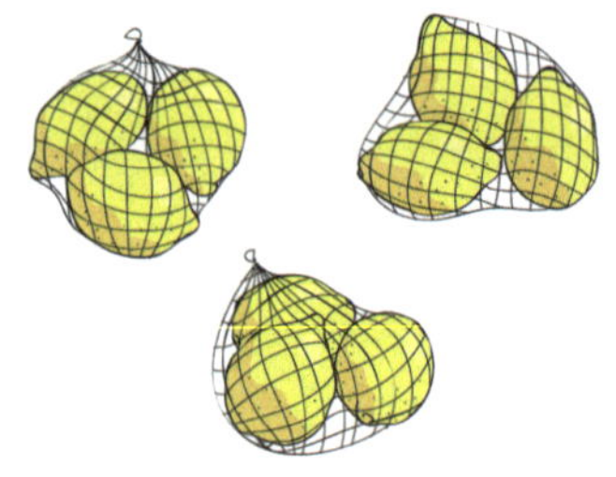 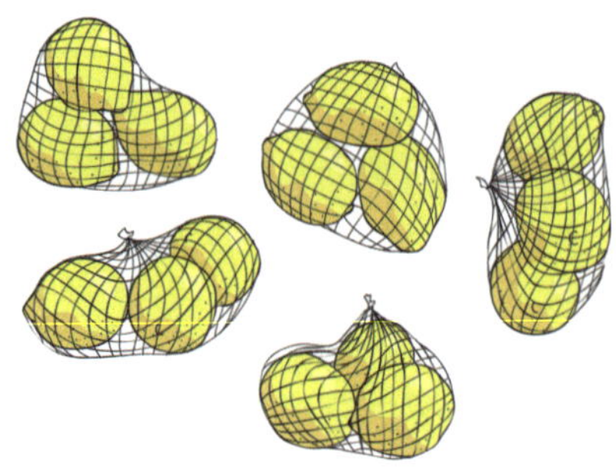

____ Netz   ____ Netze   ____ Netze

____ Zitronen   ____ Zitronen   ____ Zitronen

2 Wie viele Kartons? Wie viele Eier?

____ Karton   ____ Kartons   ____ Kartons

____ Eier   ____ Eier   ____ Eier

3 Wie viele Autos? Wie viele Räder?

____ Auto   ____ Autos   ____ Autos

____ Räder   ____ Räder   ____ Räder

1–3 Erkennen und Berechnen von Malaufgaben im Sachkontext.
→ Schulbuch, Seite 100

1 **a)**

$3 \xrightarrow{\cdot 4} 12 \xrightarrow{: 2} 6$

$4 \xrightarrow{\cdot 4} \underline{\quad} \xrightarrow{: 2} \underline{\quad}$

$5 \xrightarrow{\cdot 4} \underline{\quad} \xrightarrow{: 2} \underline{\quad}$

$6 \xrightarrow{\cdot 4} \underline{\quad} \xrightarrow{: 2} \underline{\quad}$

$4 \xrightarrow{\cdot 4} \underline{\quad} \xrightarrow{: 2} \underline{\quad}$

$2 \xrightarrow{\cdot 4} \underline{\quad} \xrightarrow{: 2} \underline{\quad}$

b)

$3 \xrightarrow{\cdot 6} \underline{\quad} \xrightarrow{: 3} \underline{\quad}$

$4 \xrightarrow{\cdot 6} \underline{\quad} \xrightarrow{: 3} \underline{\quad}$

$5 \xrightarrow{\cdot 6} \underline{\quad} \xrightarrow{: 3} \underline{\quad}$

$6 \xrightarrow{\cdot 6} \underline{\quad} \xrightarrow{: 3} \underline{\quad}$

$4 \xrightarrow{\cdot 6} \underline{\quad} \xrightarrow{: 3} \underline{\quad}$

$2 \xrightarrow{\cdot 6} \underline{\quad} \xrightarrow{: 3} \underline{\quad}$

c)

$3 \xrightarrow{\cdot 10} \underline{\quad} \xrightarrow{: 5} \underline{\quad}$

$4 \xrightarrow{\cdot 10} \underline{\quad} \xrightarrow{: 5} \underline{\quad}$

$5 \xrightarrow{\cdot 10} \underline{\quad} \xrightarrow{: 5} \underline{\quad}$

$6 \xrightarrow{\cdot 10} \underline{\quad} \xrightarrow{: 5} \underline{\quad}$

$4 \xrightarrow{\cdot 10} \underline{\quad} \xrightarrow{: 5} \underline{\quad}$

$2 \xrightarrow{\cdot 10} \underline{\quad} \xrightarrow{: 5} \underline{\quad}$

d) Was fällt dir auf? Markiere und erkläre.

____

____

____

1 Finde Aufgaben zu den Bildern.

__________________________   __________________________

2 Rechne die Malaufgabe und die Umkehraufgabe.

$3 \cdot 4 =$ _____ $4 \cdot 6 =$ _____ $2 \cdot 7 =$ _____

$12 : 4 =$ _____ $24 : 6 =$ _____ $14 : 7 =$ _____

3 Rechne mit Kernaufgaben.

$2 \cdot 6 =$ _____ $5 \cdot 8 =$ _____ $10 \cdot 7 =$ _____ $5 \cdot 9 =$ _____

$3 \cdot 6 =$ _____ $4 \cdot 8 =$ _____ $9 \cdot 7 =$ _____ $4 \cdot 9 =$ _____

$10 \cdot 3 =$ _____ $10 \cdot 9 =$ _____ $10 \cdot 4 =$ _____

$8 \cdot 3 =$ _____ $8 \cdot 9 =$ _____ $8 \cdot 4 =$ _____

4 Spiegle und zeichne.

a) 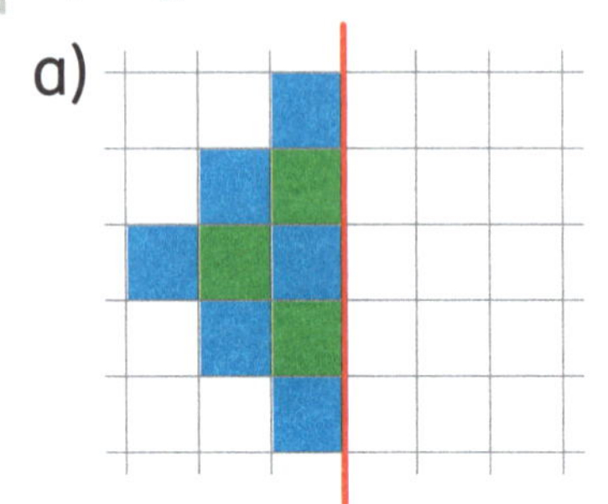   b) 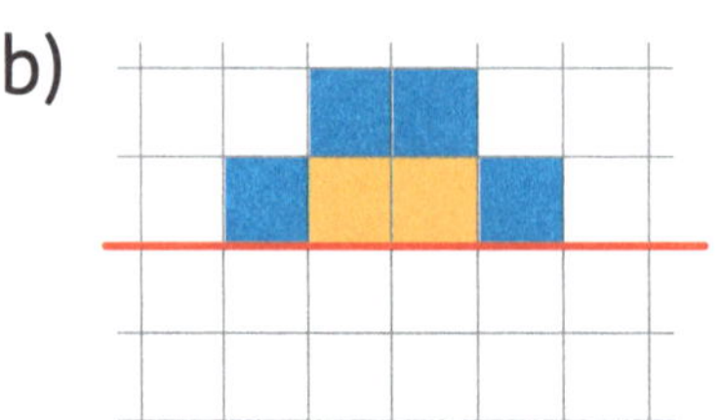   c) 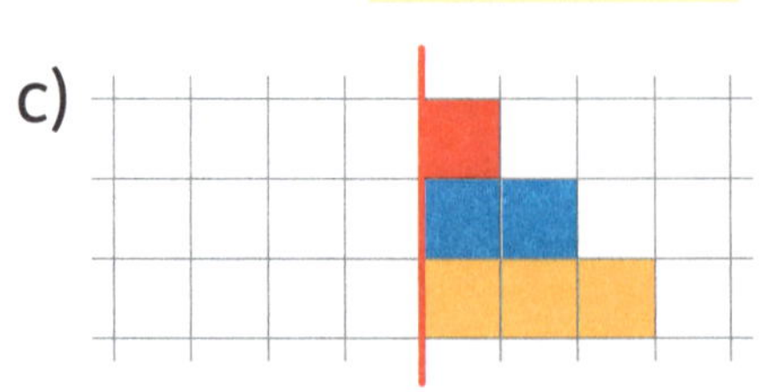

Wesentliche Inhalte des Kapitels noch einmal reflektieren, die eigenen Kompetenzen einschätzen.
→ Schulbuch, Seiten 102/103

Skizzen zeichnen

1 Wie lang ist der Zaun? Löse mit einer Skizze.

a)

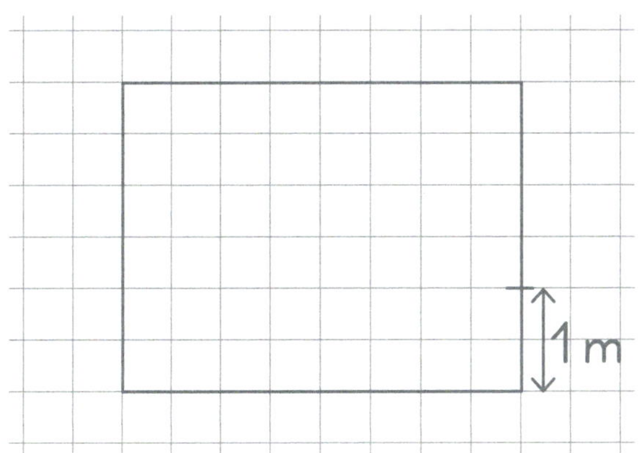

Der Zaun ist _____ m lang.

b)

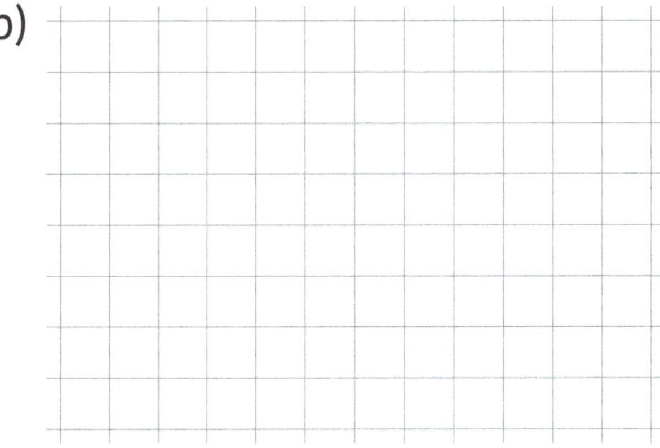

Der Zaun ist _____ m lang.

2 Wie viele Bäume können gepflanzt werden?

a) Es werden Tannen in einem Abstand von 5 m gepflanzt.

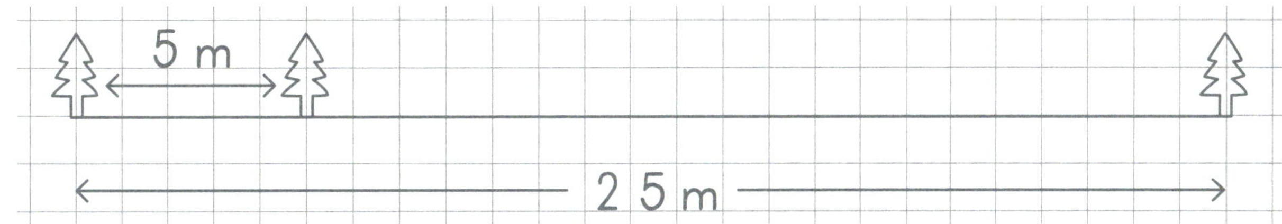

b) Es werden Buchen im Abstand von 3 m gepflanzt.

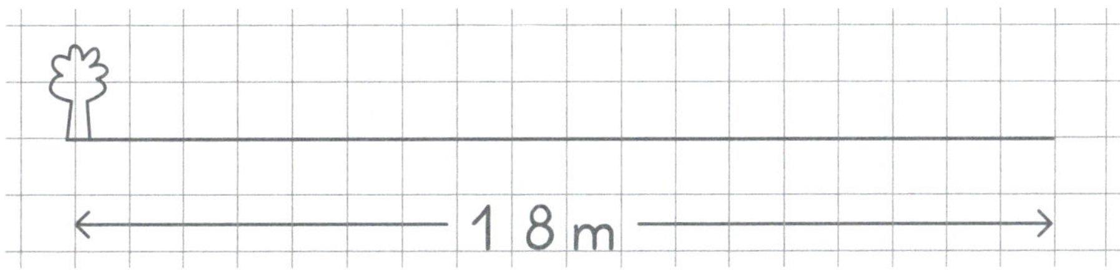

1 Wie viel kostet es?

Schülercafé Preisliste	
Waffel	1 €
Kugel Eis	50 Cent
Sahne	50 Cent
Kuchen	1 € 50 Cent
Kakao	1 €

Meine Bestellung:

2 Welche Fragen kannst du beantworten? Kreuze an.

☐ Wie viel kosten zwei Stücke Kuchen?

____

☐ Wann hat das Café geöffnet?

____

☐ Wie viele Waffeln kann Eva für 5 € kaufen?

____

☐ Welche Eissorten gibt es?

____

1 Preise ggf. mit Rechengeld bestimmen. **2** Überlegen, welche Fragen beantwortet werden können. Antworten aufschreiben.
→ Schulbuch, Seiten 106/107

Sachaufgaben zum Verteilen

1 a)

Verteile 12 Luftballons an 4 Kinder.

12 : 4 = ____

Jedes Kind erhält ____ Luftballons.

b)

Verteile 12 Luftballons an 3 Kinder.

12 : 3 = ____

Jedes Kind erhält ____ Luftballons.

c)

Verteile 12 Luftballons an 2 Kinder.

12 : 2 = ____

Jedes Kind erhält ____ Luftballons.

2 Verteile 18 Luftballons ...

a) ... an 2 Kinder. b) ... an 3 Kinder. c) ... an 6 Kinder.

18 : 2 = ____ 18 : 3 = ____ 18 : 6 = ____

3 Rechne.

20 : 5 = ____	15 : 5 = ____	6 : 2 = ____	8 : 2 = ____	18 : 6 = ____
40 : 5 = ____	30 : 5 = ____	6 : 3 = ____	8 : 4 = ____	18 : 3 = ____
10 : 5 = ____	50 : 5 = ____	6 : 6 = ____	8 : 8 = ____	18 : 2 = ____
5 : 5 = ____	25 : 5 = ____	6 : 1 = ____	8 : 1 = ____	18 : 9 = ____

Legen und Überlegen

1 Zeichne oder rechne.

Auf dem Bauernhof leben

2 Pferde, 2 Katzen und 2 Enten.

Wie viele Beine sind es?

2 Der Bauer zählt im Stall 12 Beine.

Wie viele Pferde und wie viele Enten können es sein?

Welche Lösung ist richtig?

Die Lösung von _________________ ist richtig.

3 In einem Schwimmbad sind 10 Personen.

Es sind 2 Kinder **mehr als** Erwachsene.

Wer hat Recht?

_________________ hat Recht.

1 Tierbilder als Lösungshilfen nutzen.   **2** Skizzen der Kinder nachvollziehen und erkennen, welcher Lösungsweg richtig ist.
3 Aussagen der Kinder mit Bezug zur Skizze nachvollziehen.

→ Schulbuch, Seiten 110/111

1

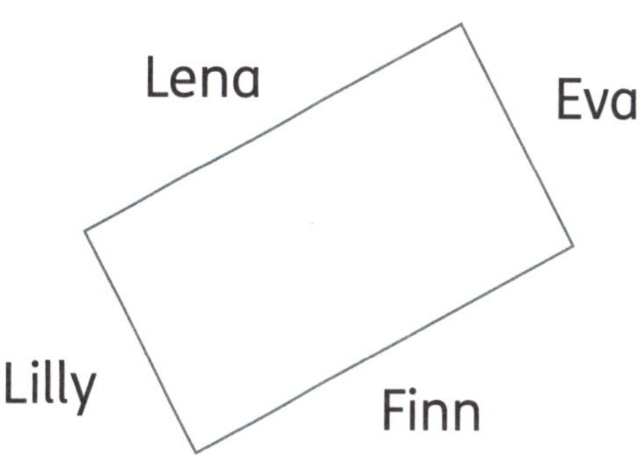

a) Ich bin Finn. 

Rechts von mir sitzt ______________.

Links von mir sitzt ______________.

Mir gegenüber sitzt ______________.

b) Ich bin Eva. 

Rechts von mir sitzt ______________.

Links von mir sitzt ______________.

Mir gegenüber sitzt ______________.

2 Welche Ansicht gehört zu welchem Kind? Verbinde.

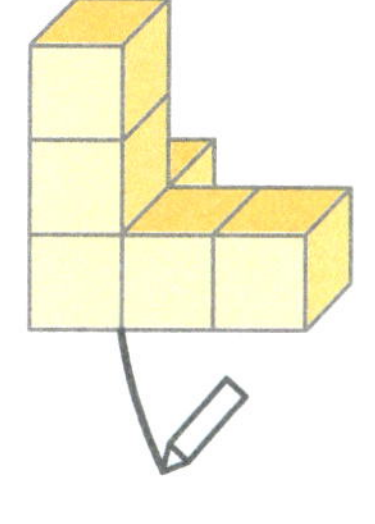

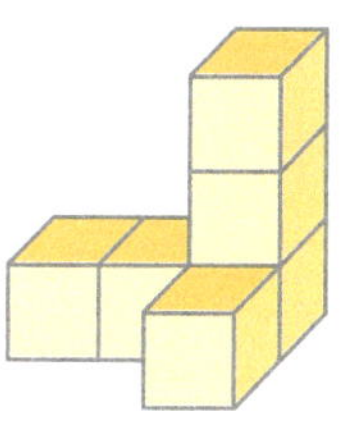

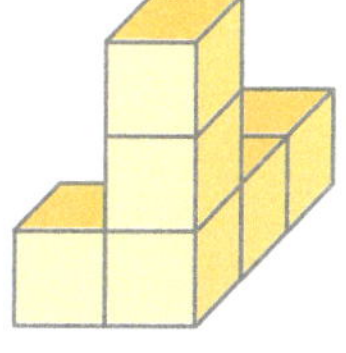

1 Mila 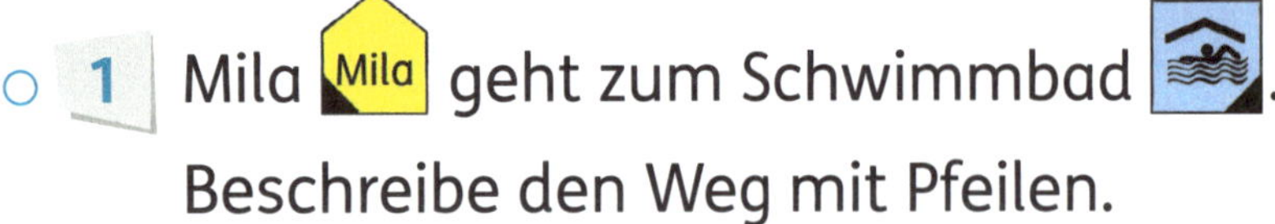 geht zum Schwimmbad. Beschreibe den Weg mit Pfeilen.

a) Sie geht zuerst zwei Wegstücke in Richtung Sportplatz. Dann biegt sie links ab.

1 Wegstück

b) Sie geht zuerst zum Taxistand. Dann biegt sie rechts ab.

2 Mila geht zur Polizei. Zeichne die Wege ein.

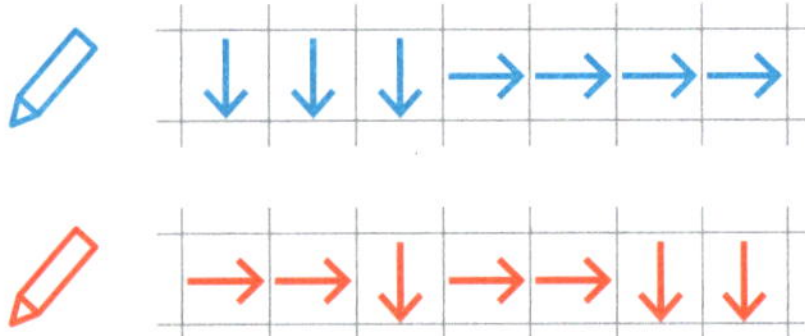

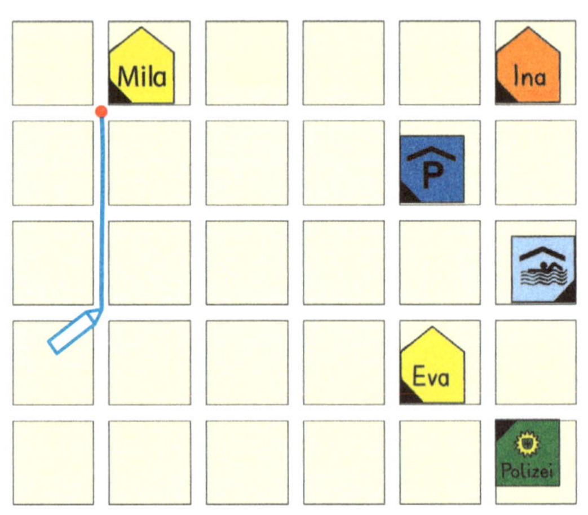

Wie kann Mila noch gehen?

3 Ina geht zu Eva. Wie kann sie gehen? Beschreibe mit Pfeilen. Zeichne im Plan.

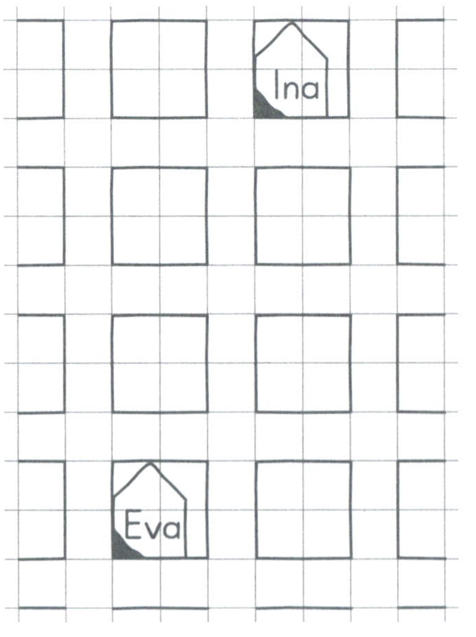

1 Milas Wege zum Schwimmbad mithilfe von Pfeilen darstellen. 2 Milas Wege zur Polizei im Plan einzeichnen.
3 Zwei Wege im Plan einzeichnen und mit Pfeilen notieren.

→ Schulbuch, Seiten 114/115

1 a) 

$23 + 14 = \underline{}$

b)

$33 + 24 = \underline{}$

c) 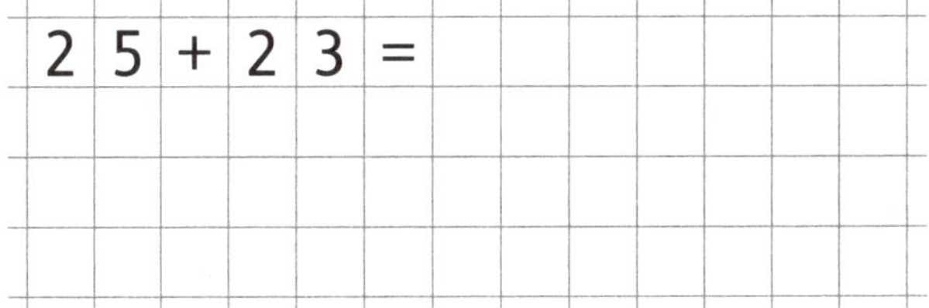

$46 + 23 = \underline{}$

d) 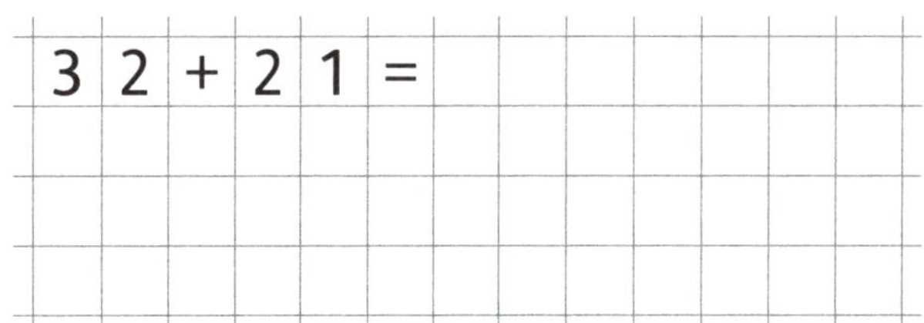

$56 + 25 = \underline{}$

e) 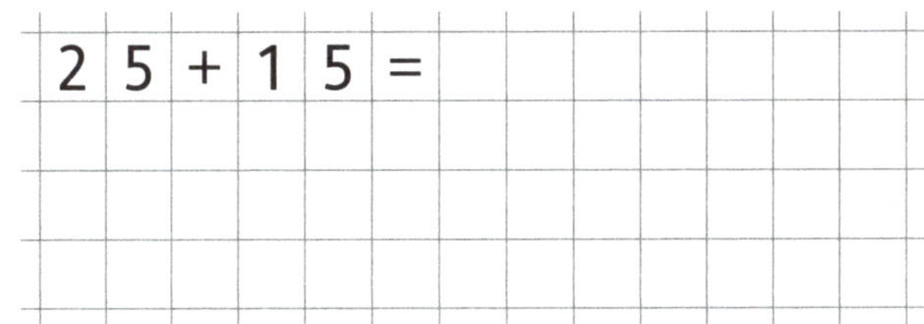

$45 + 25 = \underline{}$

f) 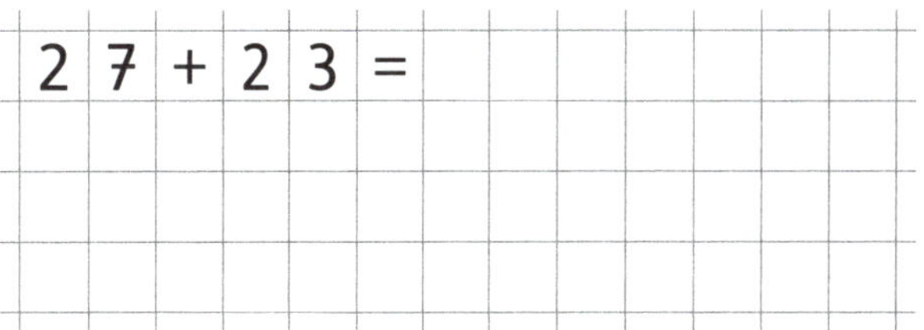

$55 + 26 = \underline{}$

2 Schreibe oder zeichne deinen Rechenweg auf.

$25 + 23 =$		$32 + 21 =$

$25 + 15 =$		$27 + 23 =$

$28 + 23 =$		$19 + 35 =$

Rechenwege bei Minusaufgaben beschreiben

1 a) 

27 − 15 = _____

b) 

43 − 12 = _____

c) 

47 − 24 = _____

d)

34 − 6 = _____

e)

35 − 17 = _____

f)

51 − 43 = _____

g)

63 − 25 = _____

h)

56 − 38 = _____

i)

58 − 29 = _____

2 Schreibe oder zeichne deinen Rechenweg auf.

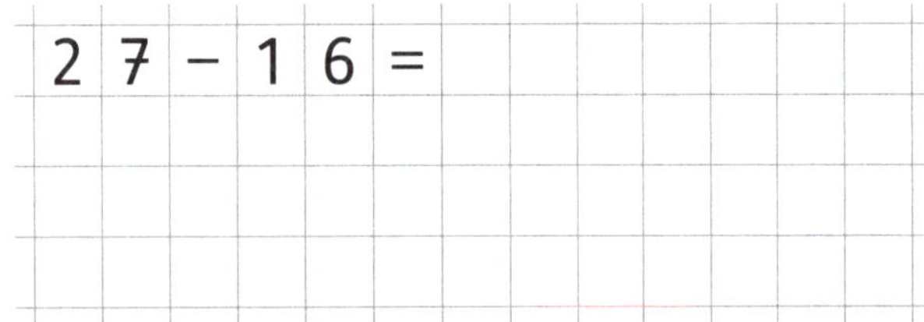 2 7 − 1 6 =

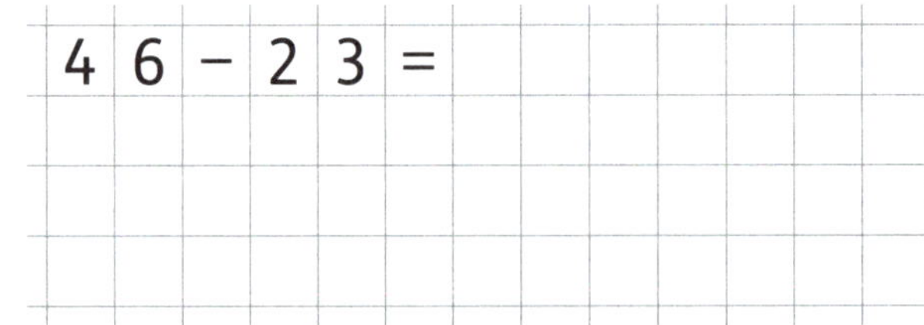 4 6 − 2 3 =

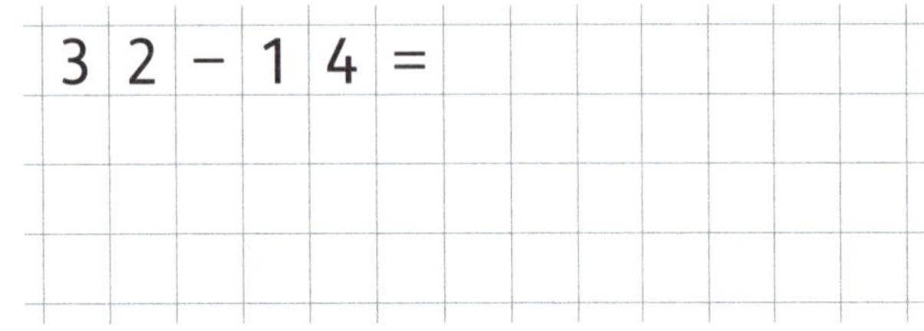 3 2 − 1 4 =

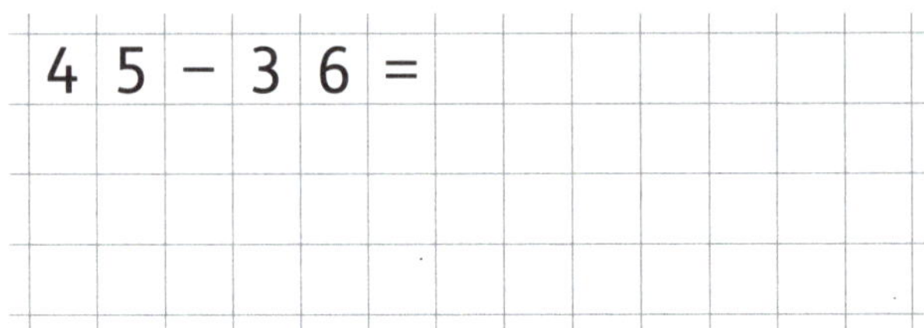 4 5 − 3 6 =

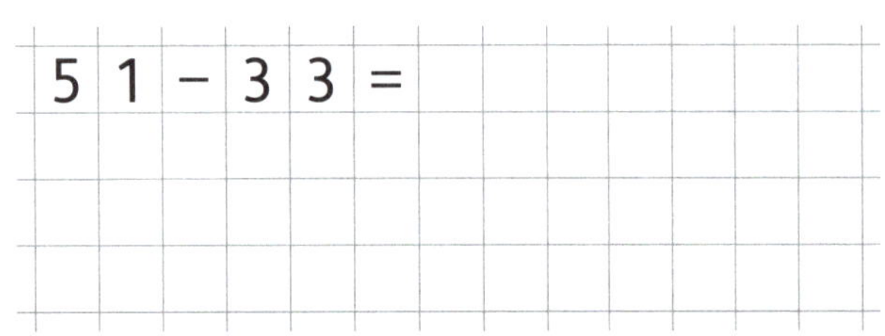 5 1 − 3 3 =

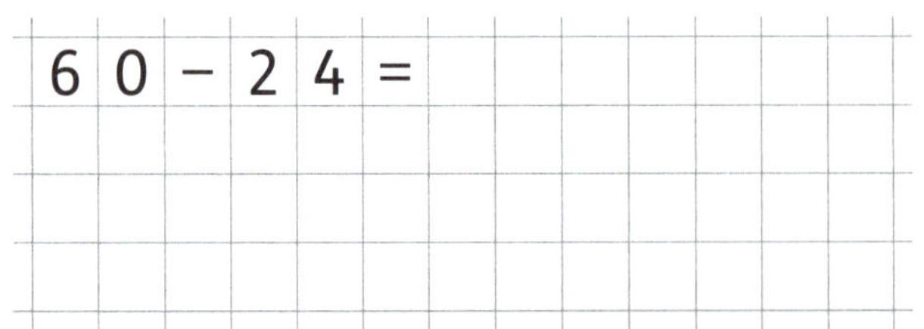 6 0 − 2 4 =

1, 2 Subtraktionsaufgaben auf eigenen Wegen rechnen.
→ Schulbuch, Seiten 118/119

1 **In Schritten** mal rechnen. Rechne mit dem Rechenstrich.

a) $6 \cdot 3 =$ ___

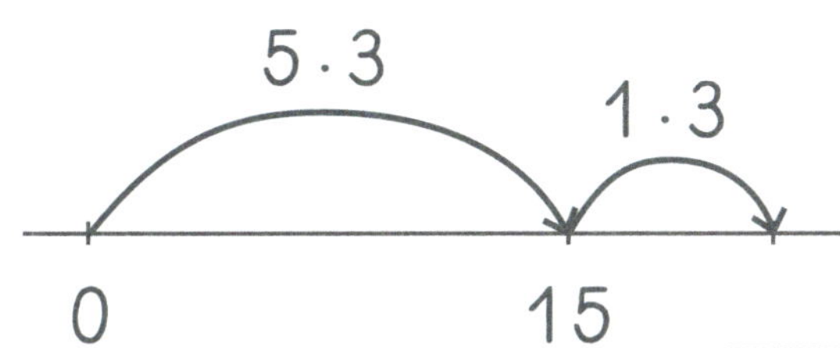

b) $6 \cdot 7 =$ ___

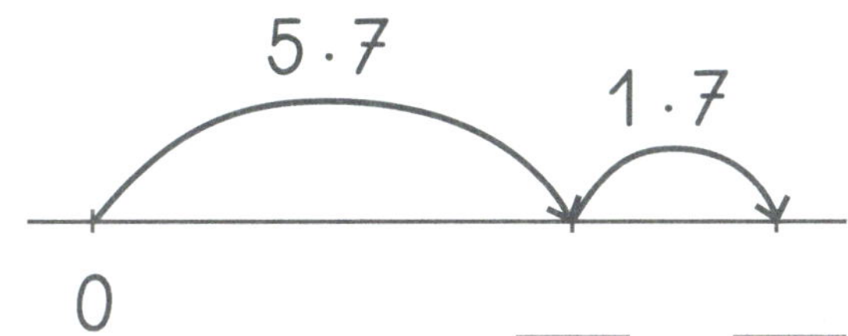

c) $6 \cdot 4 =$ ___

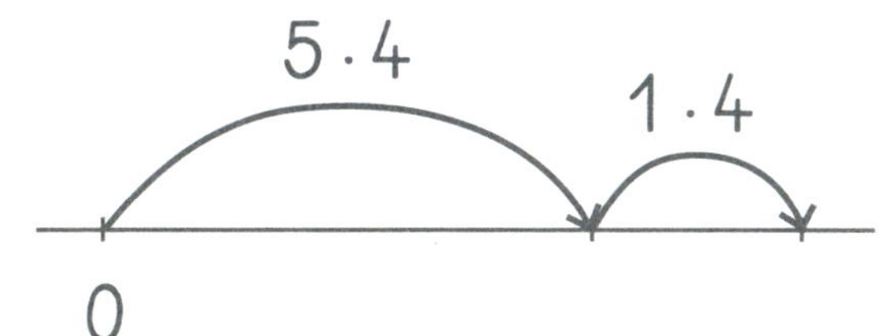

2 **Hilfsaufgaben.** Rechne mit dem Rechenstrich.

a) $9 \cdot 3 =$ ___

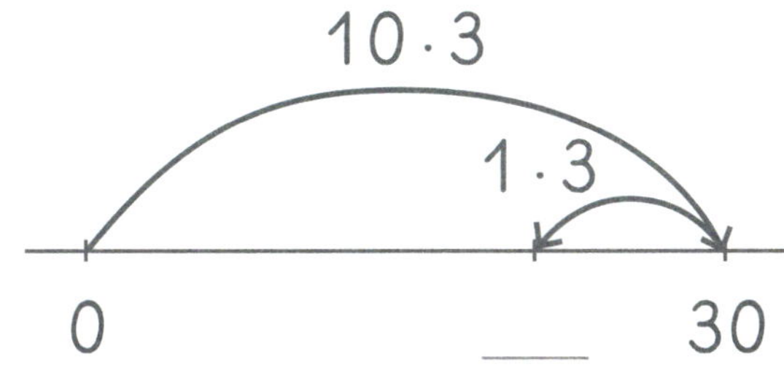

b) $9 \cdot 6 =$ ___

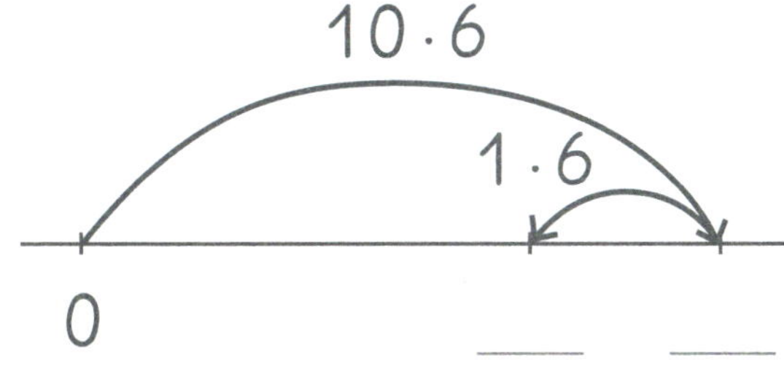

c) $9 \cdot 7 =$ ___

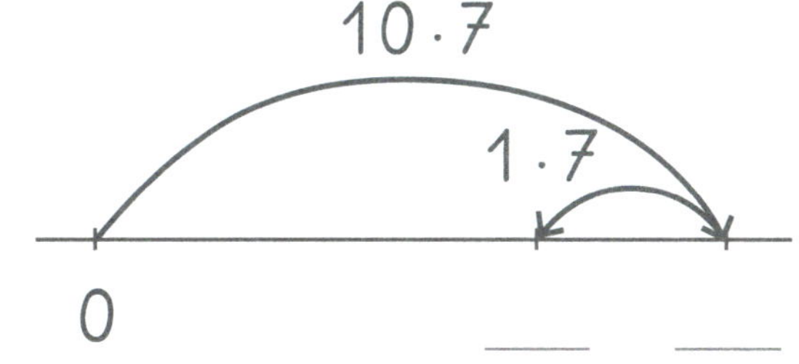

3 Rechne.

$5 \cdot 8 =$ ___ $5 \cdot 9 =$ ___ $10 \cdot 4 =$ ___ $10 \cdot 8 =$ ___

$6 \cdot 8 =$ ___ $6 \cdot 9 =$ ___ $9 \cdot 4 =$ ___ $9 \cdot 8 =$ ___

Gleichungen und Ungleichungen

1 Vergleiche. < oder > oder =?

a) $2 \cdot 4 \bigcirc 10$
  $3 \cdot 4 \bigcirc 10$

b) $2 \cdot 6 \bigcirc 20$
  $4 \cdot 6 \bigcirc 20$

c) $2 \cdot 10 \bigcirc 20$
  $2 \cdot 9 \bigcirc 20$

d) $4 \cdot 5 \bigcirc 18$
  $3 \cdot 5 \bigcirc 18$

e) $7 \cdot 5 \bigcirc 35$
  $8 \cdot 5 \bigcirc 30$

f) $7 \cdot 10 \bigcirc 70$
  $8 \cdot 10 \bigcirc 75$

g) $4 \cdot 4 \bigcirc 18$
  $5 \cdot 4 \bigcirc 20$

h) $6 \cdot 6 \bigcirc 30$
  $5 \cdot 6 \bigcirc 28$

i) $7 \cdot 7 \bigcirc 50$
  $8 \cdot 8 \bigcirc 50$

2 Vergleiche. < oder > oder =?

a) $8 : 2 \bigcirc 5$
  $12 : 2 \bigcirc 5$

b) $20 : 5 \bigcirc 5$
  $30 : 5 \bigcirc 5$

c) $20 : 2 \bigcirc 10$
  $20 : 4 \bigcirc 10$

d) $25 : 5 \bigcirc 5$
  $20 : 5 \bigcirc 5$

e) $40 : 4 \bigcirc 5$
  $40 : 8 \bigcirc 5$

f) $80 : 10 \bigcirc 10$
  $100 : 10 \bigcirc 10$

g) $30 : 6 \bigcirc 10$
  $60 : 6 \bigcirc 10$

h) $40 : 4 \bigcirc 10$
  $40 : 8 \bigcirc 10$

i) $90 : 10 \bigcirc 10$
  $90 : 9 \bigcirc 10$

3 Rechne und vergleiche. Was fällt dir auf?

a) $20 : 5 = \underline{\quad}$
  $10 : 5 = \underline{\quad}$

b) $40 : 10 = \underline{\quad}$
  $20 : 10 = \underline{\quad}$

c) $12 : 3 = \underline{\quad}$
  $6 : 3 = \underline{\quad}$

d) $16 : 8 = \underline{\quad}$
  $16 : 4 = \underline{\quad}$

e) $24 : 6 = \underline{\quad}$
  $24 : 3 = \underline{\quad}$

f) $40 : 8 = \underline{\quad}$
  $40 : 4 = \underline{\quad}$

1–3 Aufgaben mit Ergebnissen vergleichen. Beziehungen zwischen den Malreihen nutzen.
→ Schulbuch, Seiten 122/123

1 Immer 22 Plättchen in Gruppen zerlegen.

a) Vierer

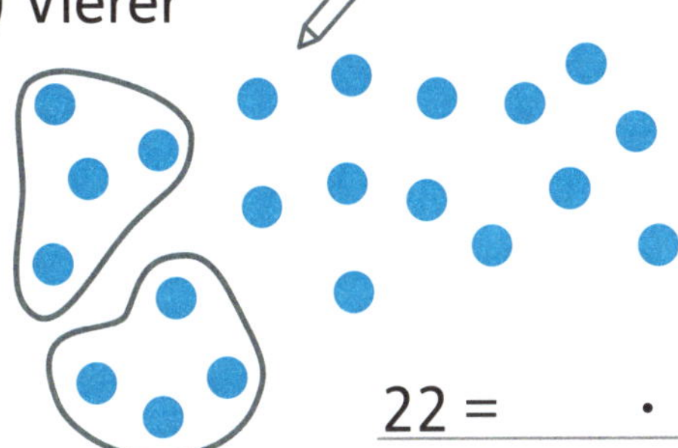

$22 = \quad \cdot\ 4 +$ ___

$22 : 4 =$ ___

b) Sechser

$22 = \quad \cdot\ 6 +$ ___

$22 : 6 =$ ___

c) Achter

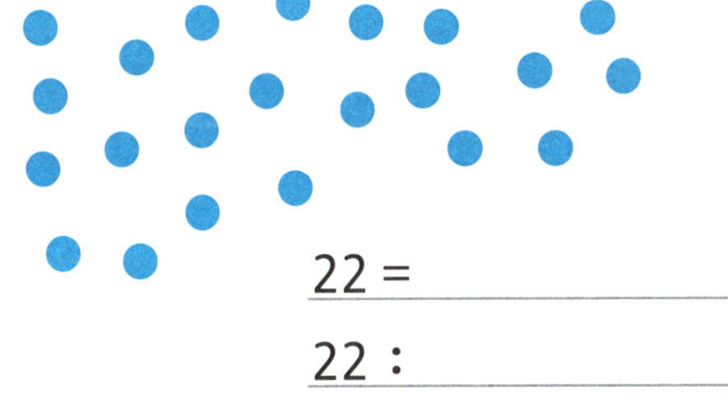

$22 =$ ___

$22 :$ ___

d) Fünfer

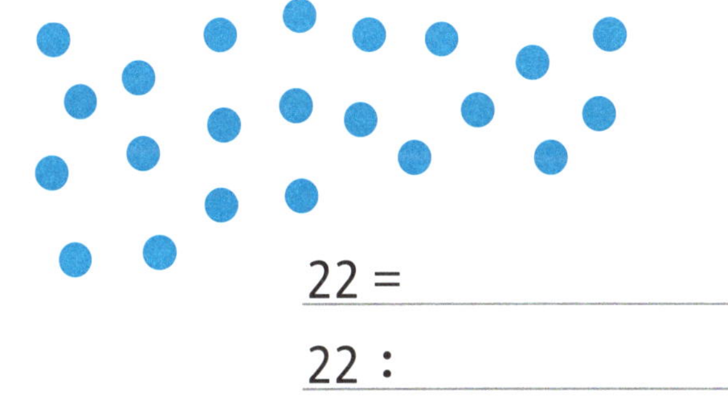

$22 =$ ___

$22 :$ ___

2 Schreibe immer zwei Aufgaben.

a)

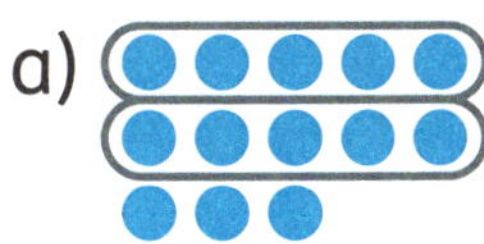

$13 = 2 \cdot 5 + 3$

$13 : 5 = 2\,R\,3$

b)

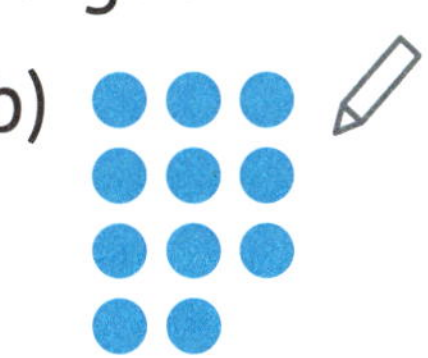

___

___

c)

___

___

d)

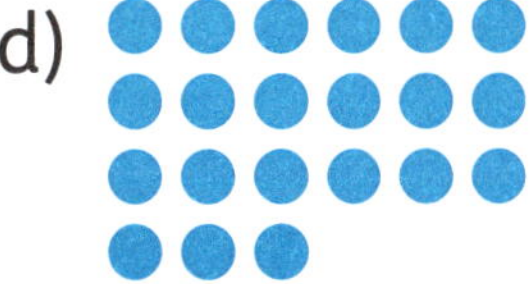

___

___

e)

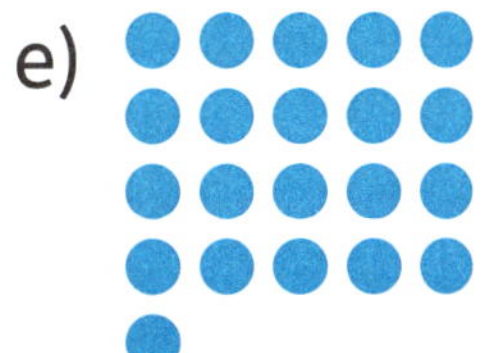

___

___

f)

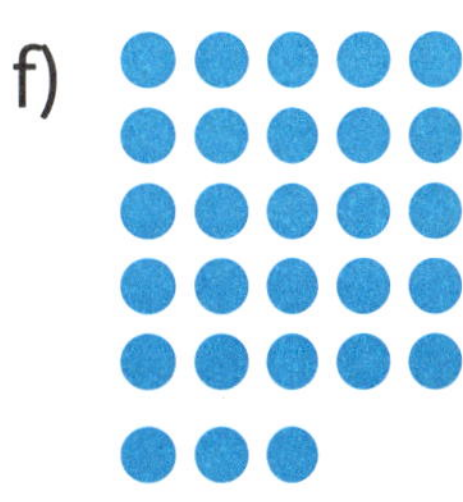

___

___

Rechendreiecke

1 a) Berechne die Außenzahlen. Vergleiche.

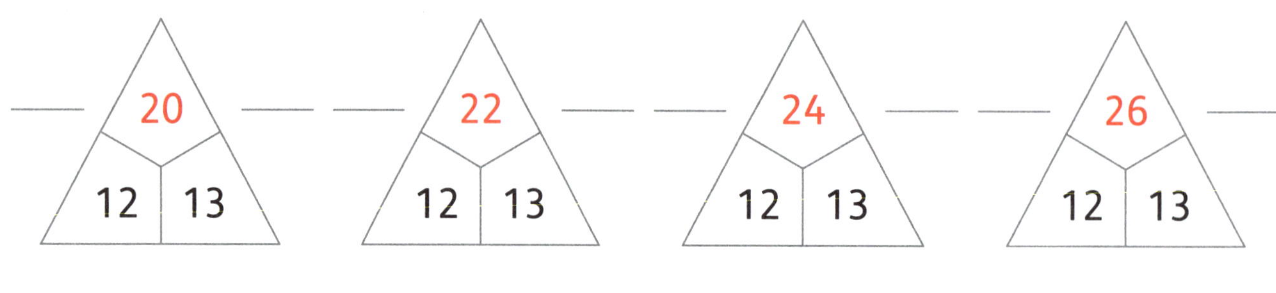

b) Was fällt dir auf? Markiere und erkläre.

____

2 a) Berechne die Außenzahlen. Vergleiche.

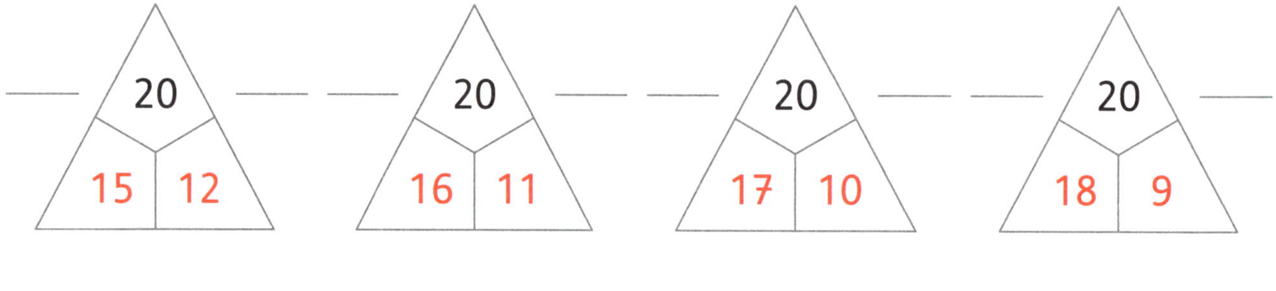

b) Was fällt dir auf? Markiere und erkläre.

____

3 Finde das passende Rechendreieck mit den 6 Zahlen.

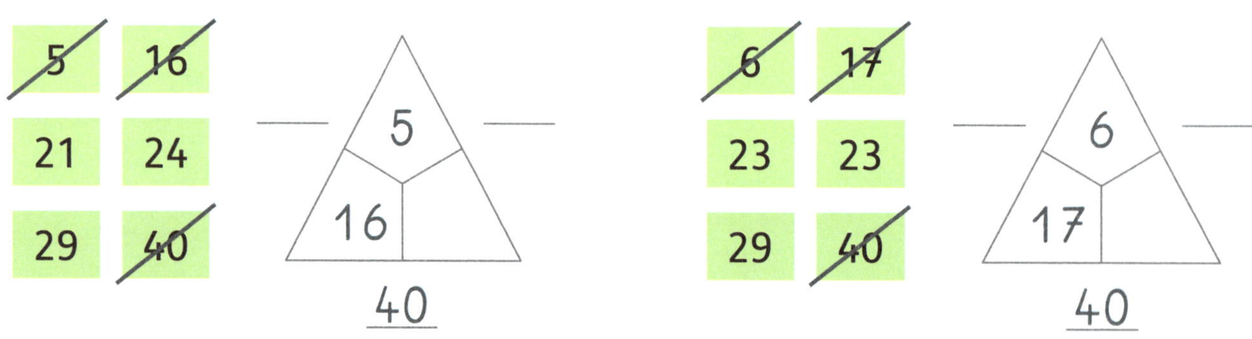

1–3 Operative Beziehungen zwischen Innen- und Außenzahlen erkunden.
→ Schulbuch, Seiten 126/127

Forschen und Finden: Zahlenmauern

1 a) Rechne und vergleiche. Der linke Grundstein wird immer 2 größer.

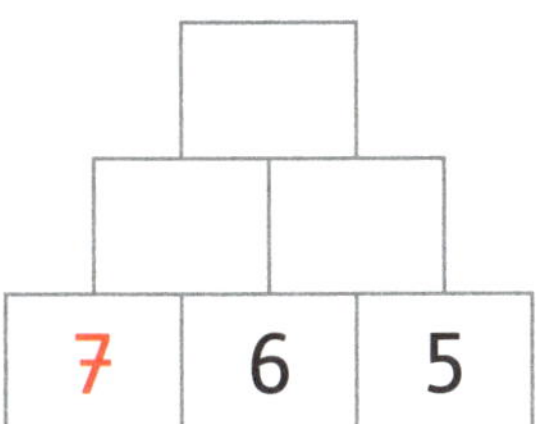 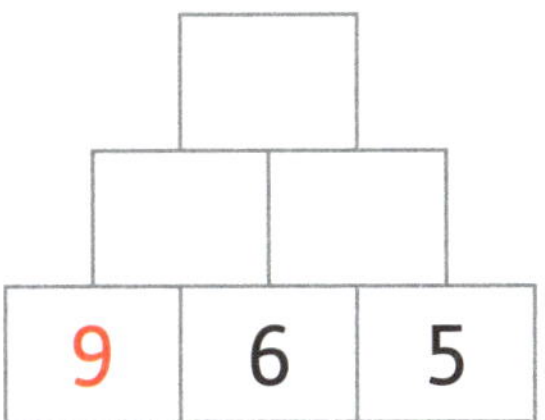 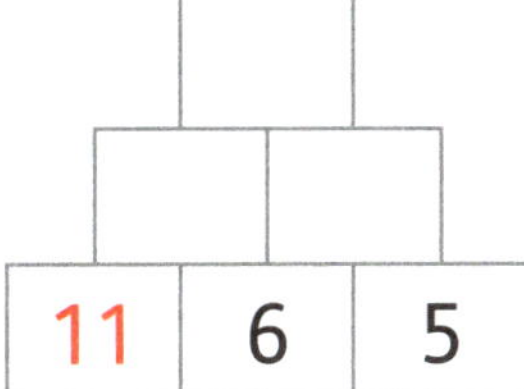 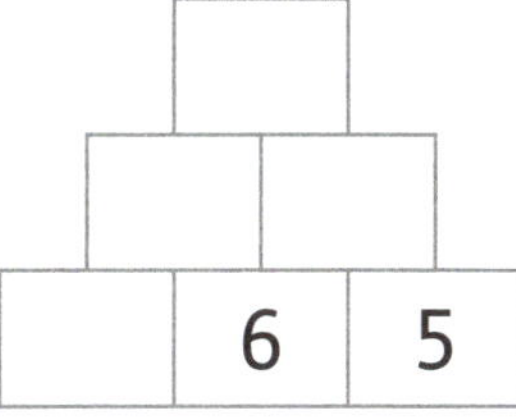

b)

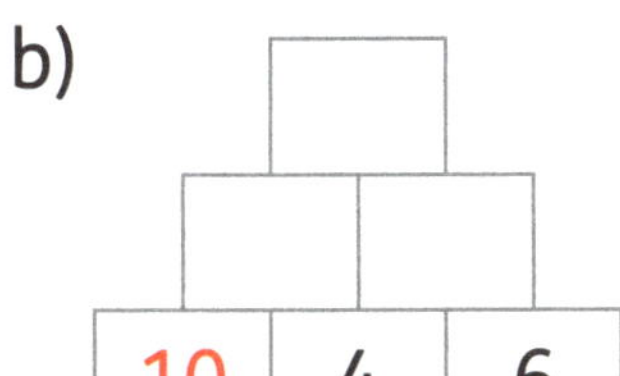 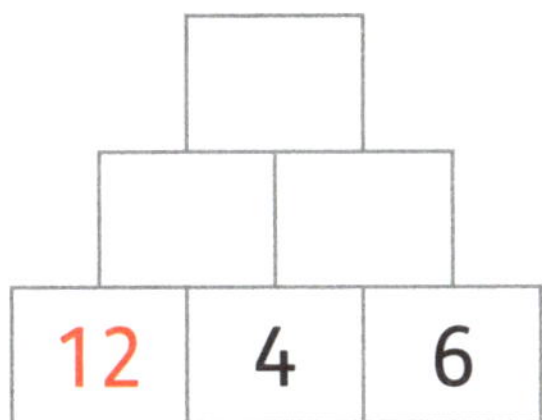 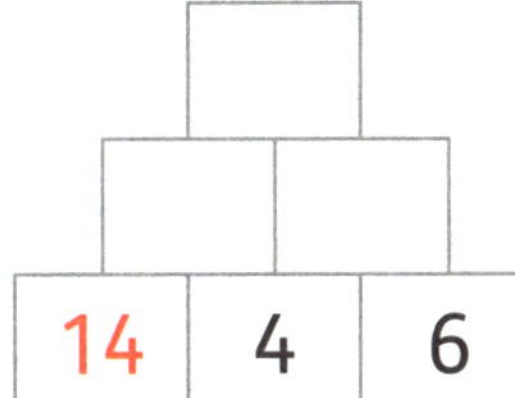 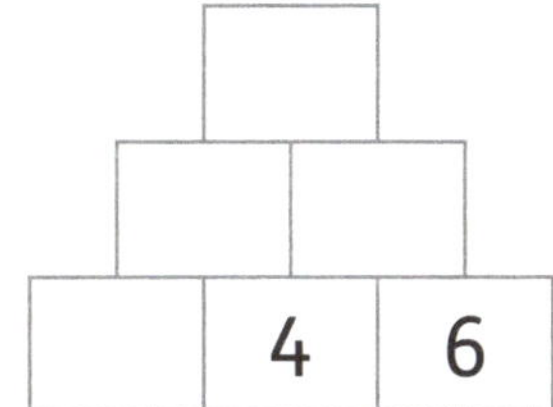

c) Was fällt dir auf? Markiere und erkläre.

____

2 a) Rechne und vergleiche. Der mittlere Grundstein wird immer 2 größer.

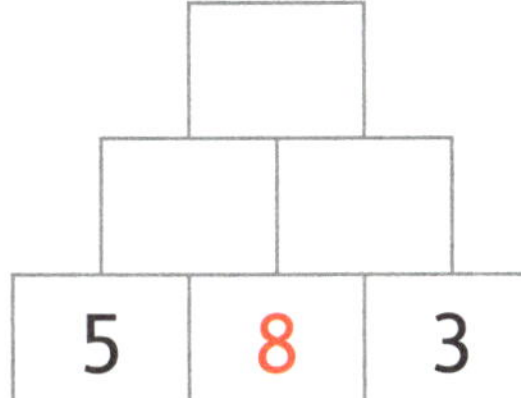 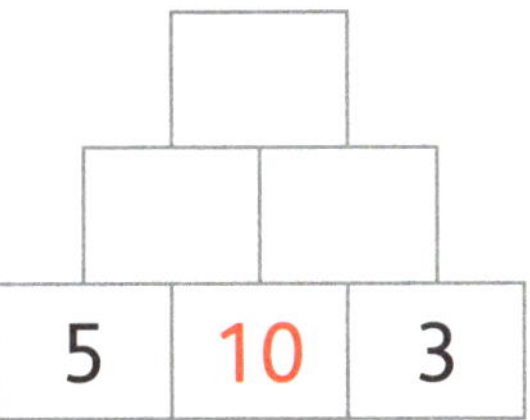 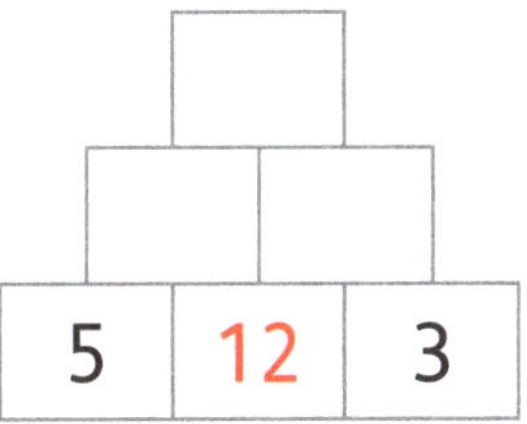 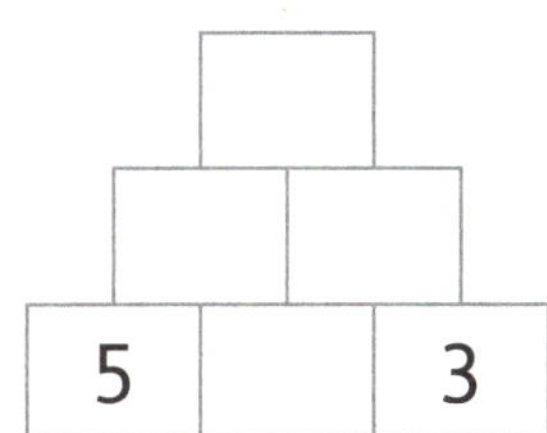

b)

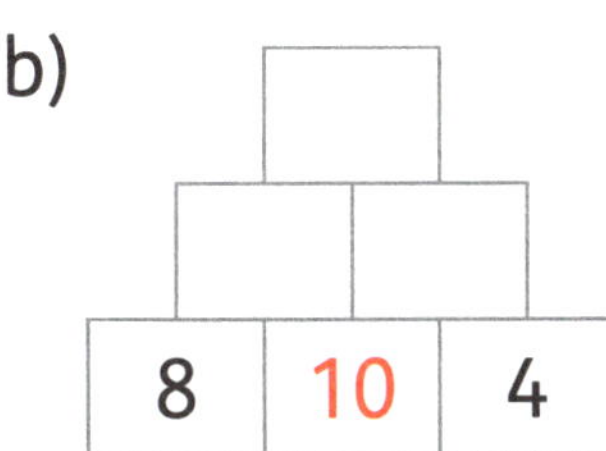 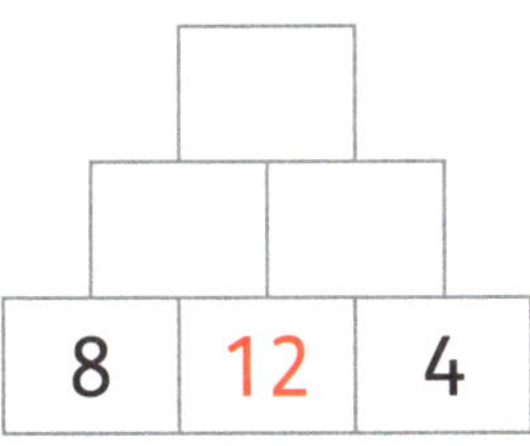 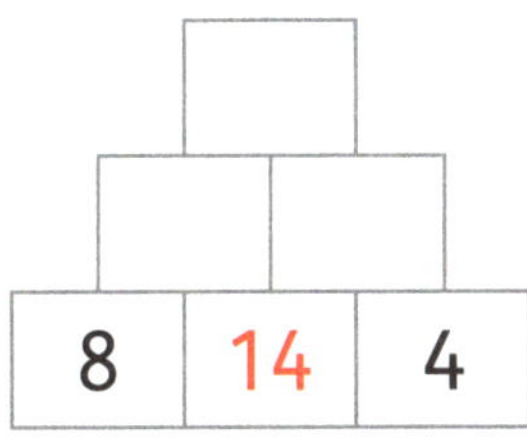 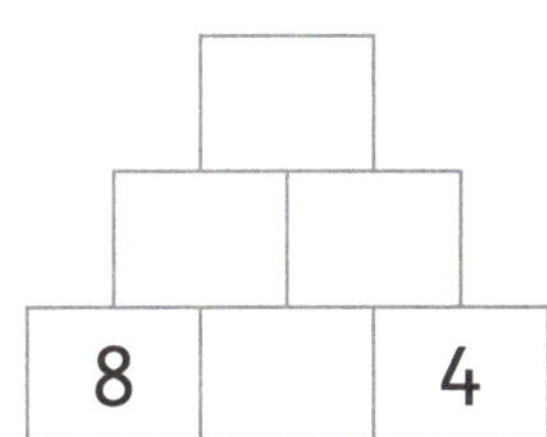

c) Was fällt dir auf? Markiere und erkläre.

____

Rückblick

1 Wie viele Beine sind es?

Im Stall sind 3 Pferde und 2 Katzen.

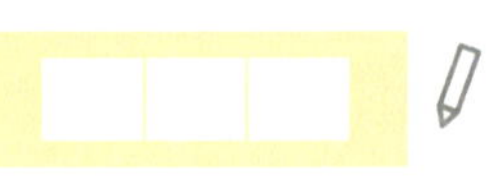

2 Schreibe oder zeichne deinen Rechenweg.

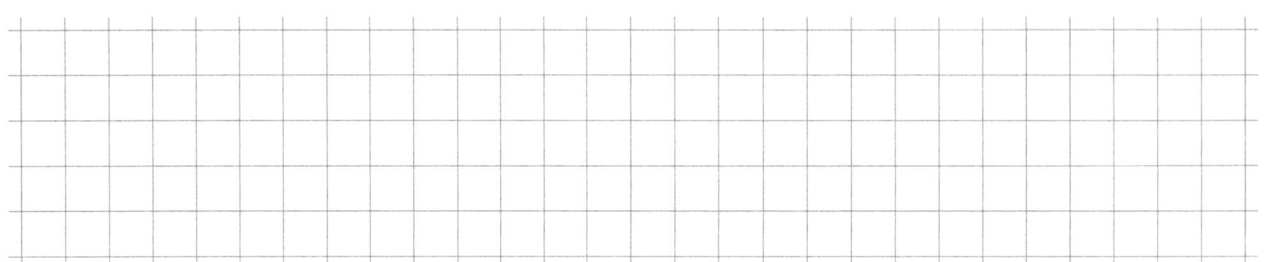

$23 + 29 =$ $43 - 29 =$

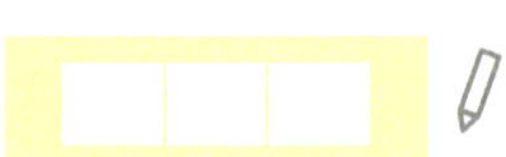

3 Ordne und rechne einfache Aufgaben.

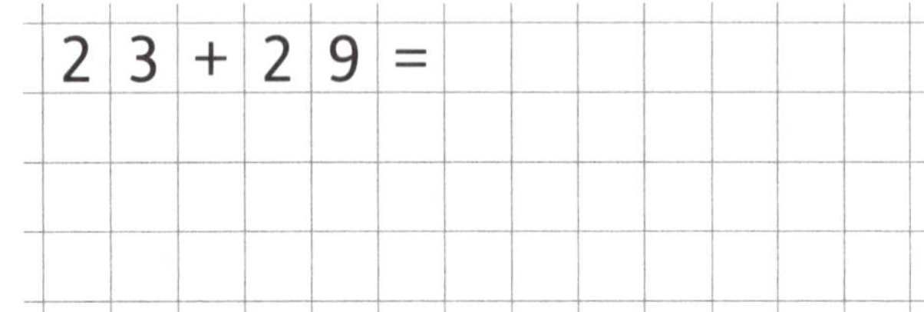

$5 \cdot 7 = \underline{\quad}$ $5 \cdot 4 = \underline{\quad}$ $10 \cdot 3 = \underline{\quad}$ $10 \cdot 8 = \underline{\quad}$

$6 \cdot 7 = \underline{\quad}$ $7 \cdot 4 = \underline{\quad}$ $9 \cdot 3 = \underline{\quad}$ $9 \cdot 8 = \underline{\quad}$

4 Vergleiche. < oder > oder =?

a) $5 \cdot 4 \bigcirc 20$ b) $8 \cdot 8 \bigcirc 80$ c) $20 : 5 \bigcirc 5$

$\quad 4 \cdot 4 \bigcirc 20$ $\quad 9 \cdot 9 \bigcirc 80$ $\quad 30 : 5 \bigcirc 5$

5 Teilen mit und ohne Rest.

a) $18 : 2 = \underline{\quad}$ b) $18 : 3 = \underline{\quad}$ c) $15 : 5 = \underline{\quad}$

$\quad 19 : 2 = \underline{\quad}$ $\quad 20 : 3 = \underline{\quad}$ $\quad 18 : 5 = \underline{\quad}$

Wesentliche Inhalte des Kapitels noch einmal reflektieren, die eigenen Kompetenzen einschätzen.
→ Schulbuch, Seiten 130/131

Maße am Körper

1 Bestimme die Schuhgrößen. 

Emma	Lara
Fußlänge: 18 cm	Fußlänge: 20 cm
Schuhgröße: _____	Schuhgröße: _____

Ole	Henry
Fußlänge: 21 cm	Fußlänge: 23 cm
Schuhgröße: _____	Schuhgröße: _____

Fußlänge in cm	Schuhgröße
18	29
	30
19	31
20	32
	33
21	34
22	35
23	36

2 Erstelle ein Schaubild.

Körpergröße	
kleiner als 1 m 30 cm	Max, Esra, Marta
1 m 30 cm bis 1 m 34 cm	Eric, Anton, Lilly, Leo, Finn, Eva
1 m 35 cm bis 1 m 39 cm	Ina, Ben, Anna, Murat, Noah
größer als 1 m 39 cm	Metin, Sophie

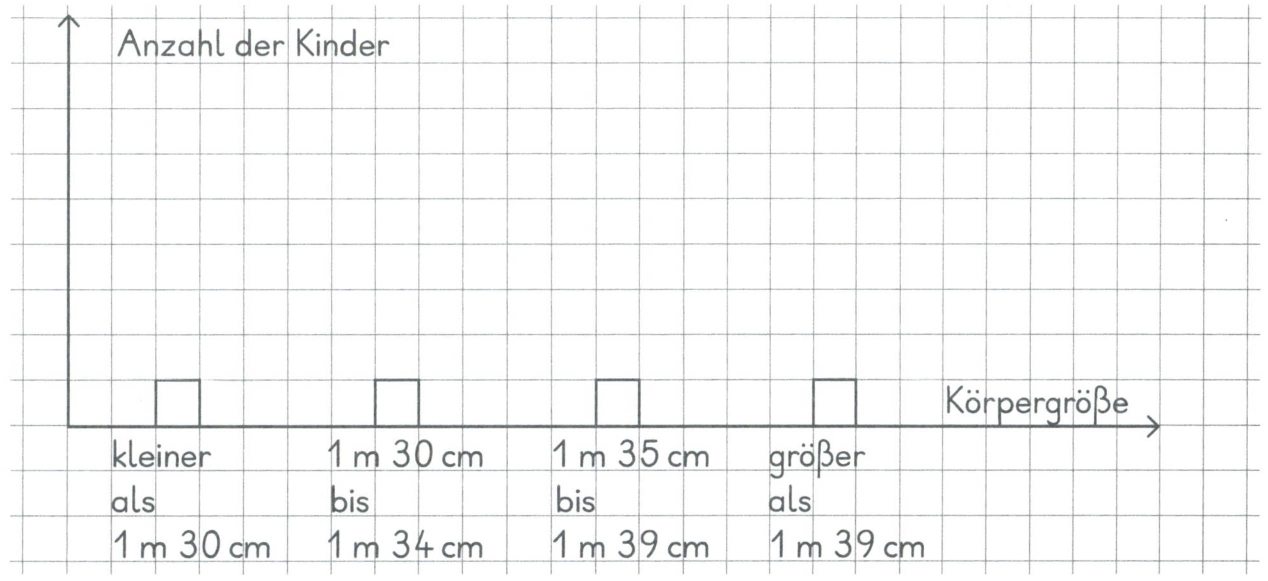

1 Im Schwimmbad. Wie spät ist es? Verbinde.

2 Welche Uhrzeiten gehören zusammen? Verbinde.

 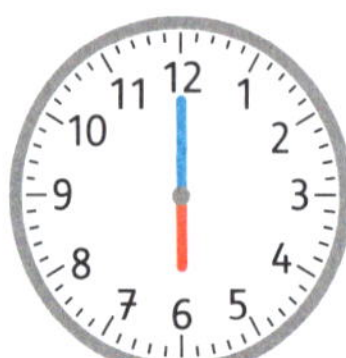  

3 Zeichne die Zeiger ein.

9.00 Uhr   9.30 Uhr   10.00 Uhr   10.30 Uhr

1 Uhrzeiten und Situationen einander zuordnen. **2** Digitale und analoge Uhrzeiten verbinden. **3** Analoge Uhrzeiten eintragen, dabei ggf. das Muster erkennen.

→ Schulbuch, Seiten 136/137

Zeitspannen: Uhrzeiten und Kalender

1 Wie viele Stunden waren die Kinder im Schwimmbad?

Die Kinder waren _____ Stunden im Schwimmbad.

2 Wie heißen die Monate?
Wie viele Tage haben sie?

1. Monat: _Januar_   _31 Tage_

2. Monat: ____________   ____________

4. Monat: ____________   ____________

8. Monat: ____________   ____________

12. Monat: ____________   ____________

Kalender 2025

Januar						Februar					März				
Mo		6	13	20	27		3	10	17	24		3	10	17	24 31
Di		7	14	21	28		4	11	18	25		4	11	18	25
Mi	1	8	15	22	29		5	12	19	26		5	12	19	26
Do	2	9	16	23	30		6	13	20	27		6	13	20	27
Fr	3	10	17	24	31		7	14	21	28		7	14	21	28
Sa	4	11	18	25		1	8	15	22		1	8	15	22 29
So	5	12	19	26		2	9	16	23		2	9	16	23 30

April						Mai					Juni				
Mo		7	14	21	28		5	12	19	26		2	9	16	23 30
Di	1	8	15	22	29		6	13	20	27		3	10	17	24
Mi	2	9	16	23	30		7	14	21	28		4	11	18	25
Do	3	10	17	24		1	8	15	22	29		5	12	19	26
Fr	4	11	18	25		2	9	16	23	30		6	13	20	27
Sa	5	12	19	26		3	10	17	24	31		7	14	21	28
So	6	13	20	27		4	11	18	25		1	8	15	22 29

Juli						August					September				
Mo		7	14	21	28		4	11	18	25	1	8	15	22	29
Di	1	8	15	22	29		5	12	19	26	2	9	16	23	30
Mi	2	9	16	23	30		6	13	20	27	3	10	17	24	
Do	3	10	17	24	31		7	14	21	28	4	11	18	25	
Fr	4	11	18	25		1	8	15	22	29	5	12	19	26	
Sa	5	12	19	26		2	9	16	23	30	6	13	20	27	
So	6	13	20	27		3	10	17	24	31	7	14	21	28	

Oktober						November					Dezember				
Mo		6	13	20	27		3	10	17	24	1	8	15	22	29
Di		7	14	21	28		4	11	18	25	2	9	16	23	30
Mi	1	8	15	22	29		5	12	19	26	3	10	17	24	31
Do	2	9	16	23	30		6	13	20	27	4	11	18	25	
Fr	3	10	17	24	31		7	14	21	28	5	12	19	26	
Sa	4	11	18	25		1	8	15	22	29	6	13	20	27	
So	5	12	19	26		2	9	16	23	30	7	14	21	28	

Neujahr:1. Januar, Karfreitag 18. April, Ostern 20./21. April, Tag der Arbeit 1. Mai, Christi Himmelfahrt 29. Mai, Pfingsten 8./9. Juni, Fronleichnam 19. Juni, Tag der Deutschen Einheit 3. Oktober, Allerheiligen 1. November, Weihnachten 25./26. Dezember

3 Welcher Wochentag ist es? Verbinde.

| 6. Januar | 31. August | 6. Dezember | 24. Dezember |

| Sonntag | Montag | Mittwoch | Samstag |

4 An welchem Tag hast du Geburtstag? ____________________

---

1 Aufenthaltsdauer bestimmen. 2 Name der Monate und Anzahl der Tage bestimmen. 3 Datum und Wochentag im Kalender ablesen und verbinden. 4 Das Datum und ggf. auch den Wochentag des eigenen Geburtstags notieren.

→ Schulbuch, Seiten 138/139

1 Was gehört zusammen? Verbinde.

a)

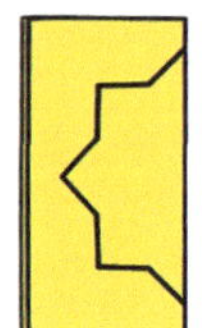   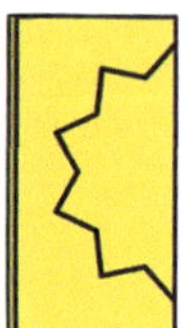

b)

2 Ergänze das Spiegelbild.

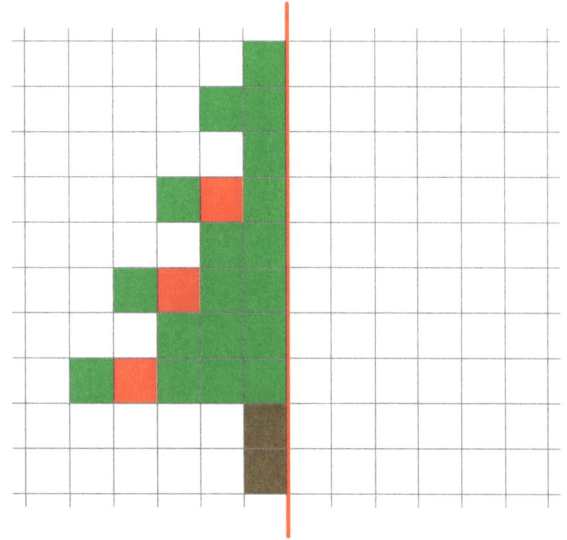 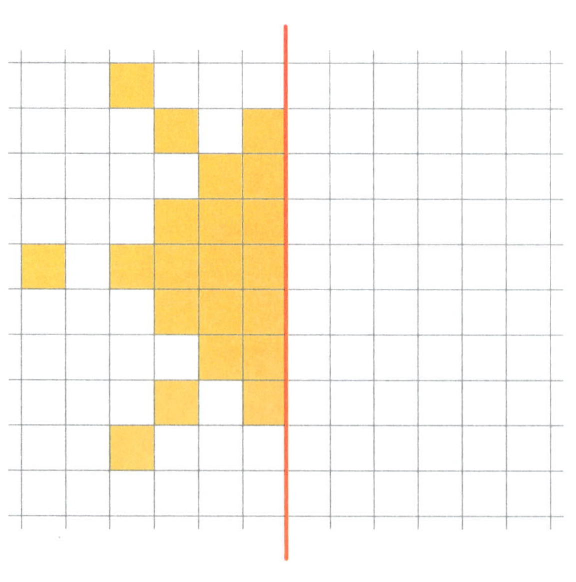

1 Kopfgeometrie: Faltschnitte und -figuren zuordnen.   **2** Figuren ggf. mithilfe eines Spiegels symmetrisch ergänzen.
→ Schulbuch, Seiten 140/141

1 Eierketten.

Die Eier sind blau oder rot.

Die Perlen sind grün oder gelb.

a) Findet alle Möglichkeiten.

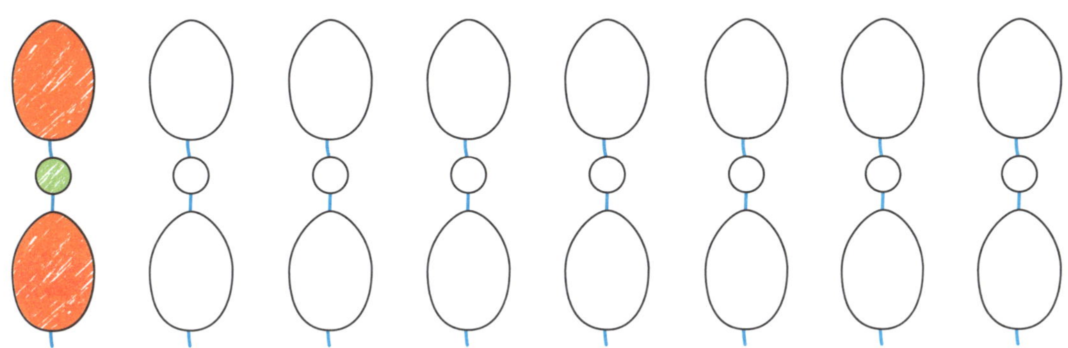

b) Eine weitere Farbe für die Perle kommt hinzu.  Finde alle neuen Ketten und zeichne sie auf.

2 Ostereier mit zwei Farben.

Das Ei ist rot oder gelb.

Die Punkte sind blau, grün oder lila.

Finde alle Möglichkeiten.

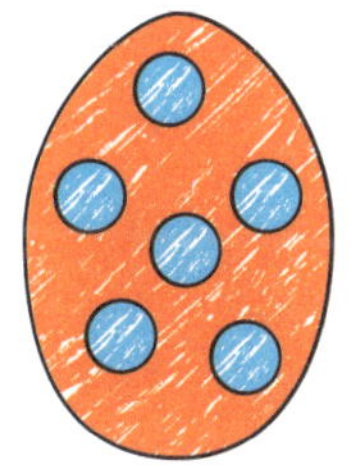 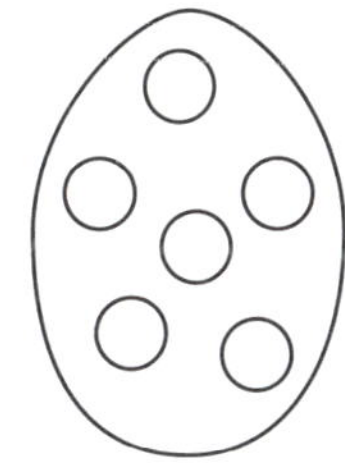 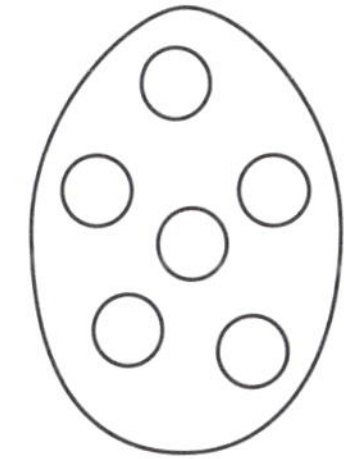 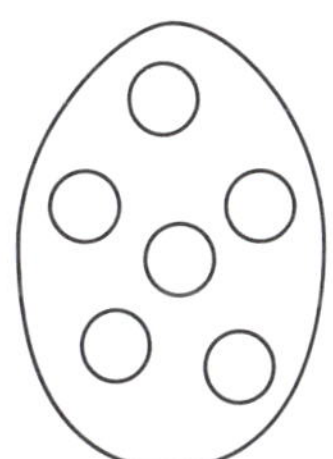 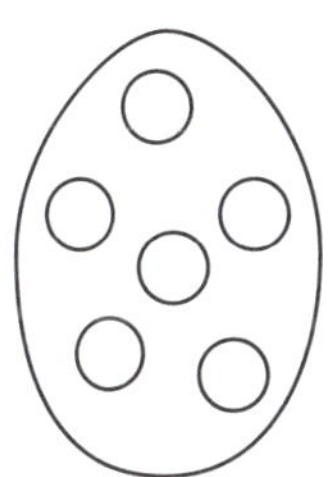 

1 Wie viele?

a)  ____

b)  ____

c)  ____

d)  ____

2 Zahlen darstellen.

a) sechsundzwanzig 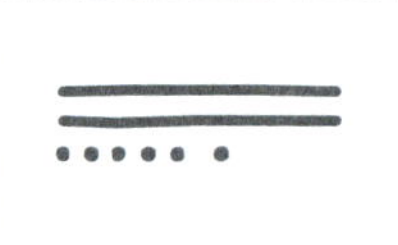

26

b) siebenunddreißig ____

c) zweiundsechzig ____

d) dreiundsiebzig ____

3 Zahlen ordnen.

3, 11, 97, 19, 68, 27, 71, 13, 48, 33, 40

3

4 Zahlen zerlegen.

a) 47 = 40 + 7   b) 91 = ____ + ____   c) 50 = ____ + ____   d) 63 = ____ + ____

74 = 70 + 4   19 = ____ + ____   5 = ____ + ____   36 = ____ + ____

5 In Einerschritten zählen.

Vorwärts: 28, 29, ____, ____, ____, ____, ____, ____, ____, ____, ____, ____, ____, ____

77, 78, ____, ____, ____, ____, ____, ____, ____, ____, ____, ____, ____, ____

Rückwärts: 91, 90, ____, ____, ____, ____, ____, ____, ____, ____, ____, ____, ____, ____

66, 65, ____, ____, ____, ____, ____, ____, ____, ____, ____, ____, ____, ____

6 In Zehnerschritten zählen.

Vorwärts: 7, 17, ____, ____, ____, ____, ____, ____, ____, ____, ____, ____, ____

2, 12, ____, ____, ____, ____, ____, ____, ____, ____, ____, ____, ____

Rückwärts: 100, 90, ____, ____, ____, ____, ____, ____, ____, ____, ____

94, 84, ____, ____, ____, ____, ____, ____, ____, ____

 Grundwissen am Ende des 2. Schuljahres. Die Aufgaben sollten selbstständig gelöst werden (Lernstandskontrolle).

7 Nachbarzahlen.

a) ___ , 82 , ___   b) ___ , 49 , ___   c) ___ , 90 , ___   d) ___ , 99 , ___

___ , 28 , ___   ___ , 67 , ___   ___ , 20 , ___   ___ , 9 , ___

___ , 29 , ___   ___ , 76 , ___   ___ , 12 , ___   ___ , 1 , ___

___ , 92 , ___   ___ , 94 , ___   ___ , 72 , ___   ___ , 11 , ___

8 Ergänzen zum Zehner.

$63 + \underline{\quad} = 70$ $14 + \underline{\quad} = 20$ $83 + \underline{\quad} = \underline{\quad}$ $93 + \underline{\quad} = \underline{\quad}$

$56 + \underline{\quad} = 60$ $41 + \underline{\quad} = \underline{\quad}$ $38 + \underline{\quad} = \underline{\quad}$ $98 + \underline{\quad} = \underline{\quad}$

$42 + \underline{\quad} = 50$ $65 + \underline{\quad} = \underline{\quad}$ $77 + \underline{\quad} = \underline{\quad}$ $68 + \underline{\quad} = \underline{\quad}$

$66 + \underline{\quad} = 70$ $38 + \underline{\quad} = \underline{\quad}$ $51 + \underline{\quad} = \underline{\quad}$ $99 + \underline{\quad} = \underline{\quad}$

9 Vergleiche: < oder >?

a) 92 ◯ 29   b) 97 ◯ 100   c) 19 ◯ 21   d) 9 ◯ 90   e) 27 ◯ 73

18 ◯ 81   19 ◯ 18   91 ◯ 21   17 ◯ 61   42 ◯ 38

63 ◯ 36   18 ◯ 19   19 ◯ 12   16 ◯ 71   32 ◯ 48

10 100 teilen.

a) $100 = \underline{\quad}$ mal 50   b) $100 = \underline{\quad}$ mal 20   c) $100 = \underline{\quad}$ mal 10

$100 = \underline{\quad}$ mal 25 $100 = \underline{\quad}$ mal 5 $100 = \underline{\quad}$ mal 2

11 Mit Zehnern rechnen wie mit Einern (Plus).

a) $5 + 5 = \underline{\quad}$ b) $6 + 4 = \underline{\quad}$ c) $7 + 3 = \underline{\quad}$ d) $8 + 2 = \underline{\quad}$

$50 + 50 = \underline{\quad}$ $60 + 40 = \underline{\quad}$ $\underline{\quad} + \underline{\quad} = \underline{\quad}$ $\underline{\quad} + \underline{\quad} = \underline{\quad}$

e) $\underline{\quad} + \underline{\quad} = \underline{\quad}$ f) $6 + 2 = \underline{\quad}$ g) $7 + 2 = \underline{\quad}$ h) $\underline{\quad} + \underline{\quad} = \underline{\quad}$

$40 + 50 = \underline{\quad}$ $\underline{\quad} + \underline{\quad} = \underline{\quad}$ $\underline{\quad} + \underline{\quad} = \underline{\quad}$ $30 + 30 = \underline{\quad}$

12 Mit Zehnern rechnen wie mit Einern (Minus).

a) $9 - 5 = \underline{\quad}$ b) $8 - 7 = \underline{\quad}$ c) $7 - 5 = \underline{\quad}$ d) $\underline{\quad} - \underline{\quad} = \underline{\quad}$

$90 - 50 = \underline{\quad}$ $80 - 70 = \underline{\quad}$ $\underline{\quad} - \underline{\quad} = \underline{\quad}$ $100 - 50 = \underline{\quad}$

e) $\underline{\quad} - \underline{\quad} = \underline{\quad}$ f) $\underline{\quad} - \underline{\quad} = \underline{\quad}$ g) $7 - 2 = \underline{\quad}$ h) $\underline{\quad} - \underline{\quad} = \underline{\quad}$

$30 - 30 = \underline{\quad}$ $80 - 50 = \underline{\quad}$ $\underline{\quad} - \underline{\quad} = \underline{\quad}$ $100 - 100 = \underline{\quad}$

1 Plusaufgaben.

a) $27 + 30 =$ ___
$\quad$ $37 + 20 =$ ___
$\quad$ $73 + 20 =$ ___

b) $61 + 30 =$ ___
$\quad$ $31 + 60 =$ ___
$\quad$ $13 + 60 =$ ___

c) $49 + 1 =$ ___
$\quad$ $19 + 40 =$ ___
$\quad$ $41 + 9 =$ ___

d) $25 + 7 =$ ___
$\quad$ $27 + 5 =$ ___
$\quad$ $72 + 5 =$ ___

e) $40 + 30 =$ ___
$\quad$ $4 + 5 =$ ___
$\quad$ $44 + 35 =$ ___

f) $20 + 30 =$ ___
$\quad$ $6 + 6 =$ ___
$\quad$ $26 + 36 =$ ___

g) $36 + 50 =$ ___
$\quad$ $36 + 51 =$ ___
$\quad$ $36 + 52 =$ ___

h) $36 + 7 =$ ___
$\quad$ $36 + 17 =$ ___
$\quad$ $36 + 27 =$ ___

2 Verdoppeln.

a) $30 + 30 = \underline{60}$
$\quad$ $4 + 4 = \underline{8}$
$\quad$ $34 + 34 = \underline{68}$

b) $40 + 40 =$ ___
$\quad$ $7 + 7 =$ ___
$\quad$ $47 + 47 =$ ___

c) $20 + 20 =$ ___
$\quad$ $6 + 6 =$ ___
$\quad$ $26 + 26 =$ ___

d) $10 + 10 =$ ___
$\quad$ $5 + 5 =$ ___
$\quad$ $15 + 15 =$ ___

e) $44 + 44 =$ ___
$\quad$ $45 + 45 =$ ___
$\quad$ $46 + 46 =$ ___

f) $37 + 37 =$ ___
$\quad$ $27 + 27 =$ ___
$\quad$ $17 + 17 =$ ___

g) $36 + 36 =$ ___
$\quad$ $46 + 46 =$ ___
$\quad$ $45 + 45 =$ ___

h) $25 + 25 =$ ___
$\quad$ $24 + 24 =$ ___
$\quad$ $14 + 14 =$ ___

3 Minusaufgaben.

a) $56 - 30 =$ ___
$\quad$ $65 - 30 =$ ___
$\quad$ $67 - 20 =$ ___

b) $51 - 20 =$ ___
$\quad$ $62 - 30 =$ ___
$\quad$ $73 - 40 =$ ___

c) $51 - 22 =$ ___
$\quad$ $88 - 59 =$ ___
$\quad$ $97 - 38 =$ ___

d) $65 - 9 =$ ___
$\quad$ $56 - 8 =$ ___
$\quad$ $48 - 7 =$ ___

e) $70 - 30 =$ ___
$\quad$ $5 - 4 =$ ___
$\quad$ $75 - 34 =$ ___

f) $64 - 40 =$ ___
$\quad$ $64 - 41 =$ ___
$\quad$ $64 - 42 =$ ___

g) $86 - 7 =$ ___
$\quad$ $86 - 17 =$ ___
$\quad$ $86 - 27 =$ ___

h) $57 - 30 =$ ___
$\quad$ $57 - 37 =$ ___
$\quad$ $57 - 38 =$ ___

4 Halbieren.

a) $80 = \underline{40} + \underline{40}$
$\quad$ $6 = \underline{3} + \underline{3}$
$\quad$ $86 = \underline{43} +$ ___

b) $40 =$ ___ $+$ ___
$\quad$ $8 =$ ___ $+$ ___
$\quad$ $48 =$ ___ $+$ ___

c) $50 =$ ___ $+$ ___
$\quad$ $6 =$ ___ $+$ ___
$\quad$ $56 =$ ___ $+$ ___

d) $60 =$ ___ $+$ ___
$\quad$ $4 =$ ___ $+$ ___
$\quad$ $64 =$ ___ $+$ ___

e) $84 =$ ___ $+$ ___
$\quad$ $82 =$ ___ $+$ ___
$\quad$ $88 =$ ___ $+$ ___

f) $46 =$ ___ $+$ ___
$\quad$ $44 =$ ___ $+$ ___
$\quad$ $42 =$ ___ $+$ ___

g) $54 =$ ___ $+$ ___
$\quad$ $52 =$ ___ $+$ ___
$\quad$ $58 =$ ___ $+$ ___

h) $66 =$ ___ $+$ ___
$\quad$ $68 =$ ___ $+$ ___
$\quad$ $70 =$ ___ $+$ ___

Grundwissen am Ende des 2. Schuljahres. Die Aufgaben sollten selbstständig gelöst werden (Lernstandskontrolle).

5 — Plus und Minus.

a) $26 + 21 = 47$
   $47 - 21 = $ ____

b) $63 + 24 = $ ____
   ____ $- 24 = $ ____

c) $38 + 19 = $ ____
   ____ $- 19 = $ ____

d) $58 + 13 = $ ____
   ____ $- 13 = $ ____

e) $87 - 51 = 36$
   $36 + 51 = $ ____

f) $55 - 36 = $ ____
   ____ $+ 36 = $ ____

g) $74 - 21 = $ ____
   ____ $+ 21 = $ ____

h) $72 - 49 = $ ____
   ____ $+ 49 = $ ____

6 — Einmaleins.

$2 \cdot 2 = $	$2 \cdot 5 = $	$2 \cdot 10 = $	$2 \cdot 1 = $	$2 \cdot 3 = $
$5 \cdot 2 = $	$5 \cdot 5 = $	$5 \cdot 10 = $	$5 \cdot 1 = $	$5 \cdot 3 = $
$10 \cdot 2 = $	$10 \cdot 5 = $	$10 \cdot 10 = $	$10 \cdot 1 = $	$10 \cdot 3 = $
$2 \cdot 8 = $	$2 \cdot 4 = $	$2 \cdot 9 = $	$2 \cdot 6 = $	$2 \cdot 7 = $
$5 \cdot 8 = $	$5 \cdot 4 = $	$5 \cdot 9 = $	$5 \cdot 6 = $	$5 \cdot 7 = $
$10 \cdot 8 = $	$10 \cdot 4 = $	$10 \cdot 9 = $	$10 \cdot 6 = $	$10 \cdot 7 = $

7 — Einmaleins.

$3 \cdot 3 = $	$6 \cdot 6 = $	$9 \cdot 9 = $	$10 \cdot 3 = $	$5 \cdot 4 = $
$4 \cdot 4 = $	$7 \cdot 7 = $	$10 \cdot 9 = $	$9 \cdot 3 = $	$6 \cdot 4 = $
$5 \cdot 5 = $	$8 \cdot 8 = $	$1 \cdot 1 = $	$8 \cdot 3 = $	$7 \cdot 4 = $
$2 \cdot 6 = $	$5 \cdot 7 = $	$4 \cdot 9 = $	$4 \cdot 8 = $	$10 \cdot 8 = $
$4 \cdot 6 = $	$4 \cdot 7 = $	$5 \cdot 9 = $	$5 \cdot 8 = $	$9 \cdot 8 = $
$8 \cdot 6 = $	$3 \cdot 7 = $	$6 \cdot 9 = $	$7 \cdot 8 = $	$8 \cdot 8 = $

8 — Teilen.

a)

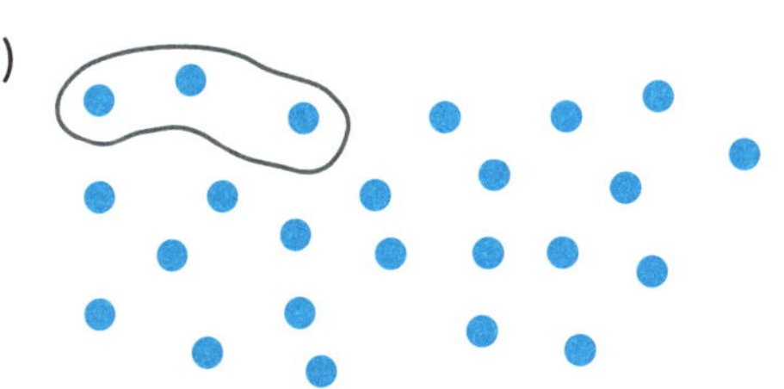

$$24 : 3 = \_\_\_$$

b)

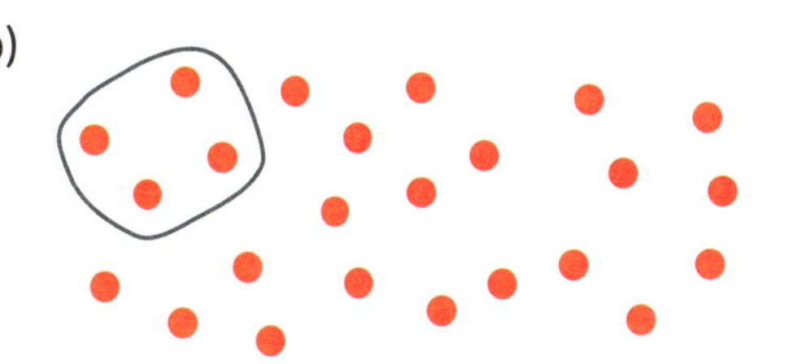

$$24 : 4 = \_\_\_$$

9 — Einfache Aufgaben zum Teilen.

$90 : 9 = $	$80 : 8 = $	$70 : 7 = $	$60 : 6 = $	$40 : 4 = $
$45 : 9 = $	$40 : 8 = $	$35 : 7 = $	$30 : 6 = $	$20 : 4 = $
$18 : 9 = $	$16 : 8 = $	$14 : 7 = $	$12 : 6 = $	$8 : 4 = $

1 Welche Münzen gibt es?

Cent: ◯ ◯ ◯ ◯ ◯ ◯   Euro: ◯ ◯

Welche Scheine gibt es?

Euro: | 200 | 100 | ▢ | ▢ | ▢ | ▢ |

2 a) Wie viel Cent?   b) Wie viel Euro?

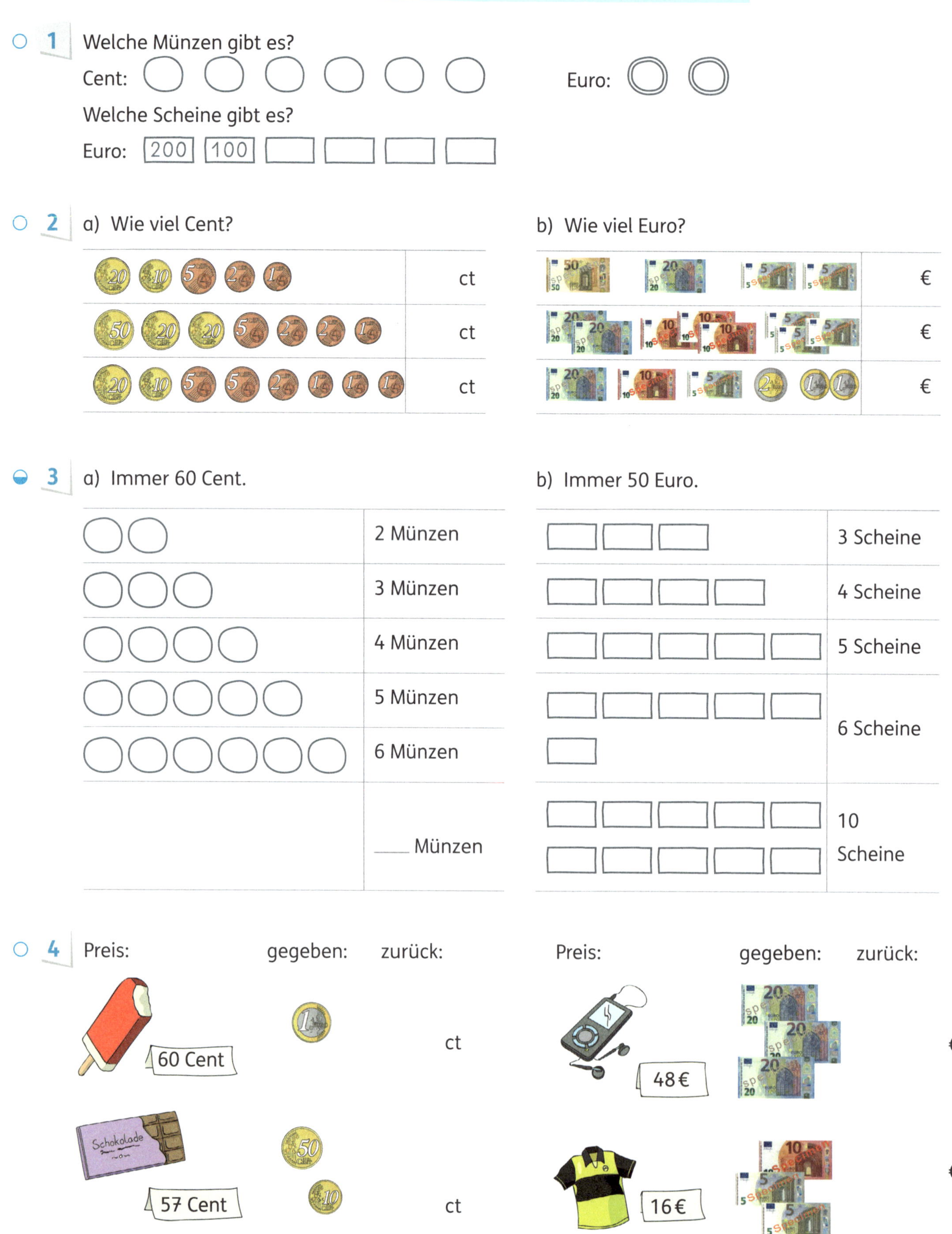

3 a) Immer 60 Cent.   b) Immer 50 Euro.

a)		b)	
◯ ◯	2 Münzen	▢ ▢ ▢	3 Scheine
◯ ◯ ◯	3 Münzen	▢ ▢ ▢	4 Scheine
◯ ◯ ◯ ◯	4 Münzen	▢ ▢ ▢ ▢	5 Scheine
◯ ◯ ◯ ◯ ◯	5 Münzen	▢ ▢ ▢ ▢ ▢	6 Scheine
◯ ◯ ◯ ◯ ◯ ◯	6 Münzen		
	____ Münzen	▢ ▢ ▢ ▢ ▢ ▢ ▢ ▢	10 Scheine

4

Preis: gegeben: zurück: Preis: gegeben: zurück:

60 Cent   ____ ct   48 €   ____ €

57 Cent   ____ ct   16 €   ____ €

Grundwissen am Ende des 2. Schuljahres. Die Aufgaben sollten selbstständig gelöst werden (Lernstandskontrolle).

5

1 Jahr = ___ Monate   1 Tag = ___ Stunden

1 Woche = ___ Tage   1 Stunde = ___ Minuten   1 h = ___ min

6 Immer 1 Stunde.

a) 57 min + ___ min   b) 45 min + ___ min   c) 27 min + ___ min

d) 30 min + ___ min   e) 15 min + ___ min   f) 19 min + ___ min

7 Ordne nach Zeitdauer.

| 15 min | 10 h | 1 Jahr | 8 Tage | 3 Monate | 2 Wochen | 1 Sekunde |

1 Sekunde, __________, __________, __________, __________, __________, 1 Jahr

8 Wie spät ist es?

 ________ Uhr   ________ Uhr

 ________ Uhr   ________ Uhr

 ________ Uhr   ________ Uhr

9 Es ist jetzt 11.15 Uhr.

a) Wie spät war es

1 h vorher? ________ Uhr

30 min vorher? ________ Uhr

b) Wie spät ist es

1 h später? ________ Uhr

30 min später? ________ Uhr

10 Immer 1 Meter.

a) 20 cm + ___ cm   b) 39 cm + ___ cm   c) 25 cm + ___ cm

d) 60 cm + ___ cm   e) 75 cm + ___ cm   f) 97 cm + ___ cm

11 Miss die Länge vom Kopf bis zum Schwanzende.

___ cm

12 Zeichne mit dem Lineal Strecken von

a) ⊢——— 4 cm.

b) ⊢——— 6 cm.

1. Prüfung am:

2. Prüfung am:

1. Prüfung am:

2. Prüfung am:

1. Prüfung am:

2. Prüfung am:

1. Prüfung am:

2. Prüfung am:

1. Prüfung am:

2. Prüfung am:

1. Prüfung am:

2. Prüfung am:

_________________________ hat am _____________ die Schlussprüfung im Blitzrechnen 2 abgelegt.

Unterschrift: _______________________

 **Wie viele?/Welche Zahl?**

a) Am Hunderterfeld wird mit dem Zahlenwinkel eine Zahl gelegt. Das Kind nennt die Zahl. Durch Verschieben des Winkels nach rechts bzw. links oder nach oben bzw. unten können Beziehungen aufgezeigt werden.

b) Es wird auf ein leeres Feld der Hundertertafel gezeigt. Das Kind nennt die zugehörige Zahl. Auch hier können Beziehungen verdeutlicht werden.

 **Zählen**

Es wird auf eine Zahl an der Hunderterreihe gezeigt. Das Kind wird aufgefordert, vor- oder rückwärts zu zählen. Das Kind zählt, bis es gestoppt wird.

 **Ergänzen zum Zehner**

An der Hunderterreihe wird auf ein Plättchen gezeigt, und die zugehörige Zahl genannt. Das Kind ergänzt die Zahl in Form einer Plusaufgabe zum nächsten Zehner.
Variante: Das Kind benennt auch die gezeigte Zahl.

 **Zählen in Schritten**

Außer der Zahl wird noch die Schrittweise vorgegeben (2er-, 5er-, 10er-Schritte). Das Kind zählt nach Angabe vorwärts oder rückwärts, bis es gestoppt wird.

 **Ergänzen bis 100**

Am Hunderterfeld wird eine Zahl gezeigt. Das Kind ergänzt sie bis 100.
Wieder können Beziehungen aufgezeigt werden.
Beispiel: 38 + 62, 48 + 52, 58 + 42, 57 + 43, …

 **100 teilen**

Es wird angegeben, in wie viele Teile (2, 4, 5 oder 10) 100 geteilt werden soll. Das Kind gibt die Antwort in Form einer Malaufgabe.
Es gibt nur 4 Aufgaben (es sei denn, man lässt auch 20, 25 und 50 Teile bilden).

 **Verdoppeln/Halbieren**

a) Es wird eine Zahl bis 50 mit Einerstelle 0 oder 5 genannt. Das sind die Zahlen 0, 5, 10, 15, 20, …, 50. Das Kind verdoppelt sie.

b) Es wird eine Zehnerzahl genannt (10, 20, …, 100). Das Kind halbiert sie.

In beiden Fällen kann man Rechengeld oder das Hunderterfeld verwenden.

 **Einfache Plusaufgaben/
Einfache Minusaufgaben**

a) Es werden Plusaufgaben der Form 26 + 30, 45 + 7, 31 + 60, 72 + 9, … genannt, das Kind bestimmt das Ergebnis. Dabei können die Zahlen zur Unterstützung bildlich dargestellt werden.
Auch bei diesen Aufgabentypen kann man systematisch variieren. Beispiel: 26 + 30, 26 + 40, 27 + 40, …

b) Analog werden Minusaufgaben genannt und gerechnet.

 **Zerlegen**

Am Hunderterfeld wird eine Zehnerzahl (10, 20, 30, …) aufgedeckt und mit einem (am besten transparenten) Zahlenwinkel in zwei Teile zerlegt. Das Kind nennt die zugehörige Plusaufgabe.

 **Einmaleins**

a) Mit dem Malwinkel wird die Malaufgabe gelegt. Das Kind nennt die Aufgabe und berechnet das Ergebnis. Dabei kann die Unterteilung des Hunderterfeldes ausgenutzt werden. Besonders wichtig sind die Kernaufgaben, aus denen man die anderen Aufgaben ableiten kann.

b) An der Einmaleins-Tafel wird eine beliebige Aufgabe des Einmaleins gezeigt und genannt. Das Kind nennt das Ergebnis. Besonders geübt werden müssen die farbigen Kernaufgaben, aus denen man die anderen Aufgaben ableiten kann.